顿悟

发现自我

静音 著

北方文艺出版社

·哈尔滨·

图书在版编目（CIP）数据

顿悟：发现自我 / 静音著 . —— 哈尔滨：北方文艺出版社, 2023.6
ISBN 978-7-5317-5796-2

Ⅰ.①顿… Ⅱ.①静… Ⅲ.①心理学–通俗读物 Ⅳ.①B84-49

中国国家版本馆 CIP 数据核字 (2023) 第 022467 号

顿悟：发现自我
DUNWU FAXIAN ZIWO

作　　者 / 静　音	
责任编辑 / 富翔强	装帧设计 / 树上微出版
出版发行 / 北方文艺出版社	邮　　编 / 150008
发行电话 /（0451）86825533	经　　销 / 新华书店
地　　址 / 哈尔滨市南岗区宣庆小区 1 号楼	网　　址 / www.bfwy.com
印　　刷 / 湖北金港彩印有限公司	开　　本 / 880×1230　1/32
字　　数 / 130千	印　　张 / 10
版　　次 / 2023年6月第1版	印　　次 / 2023年6月第1次印刷
书　　号 / ISBN 978-7-5317-5796-2	定　　价 / 98.00元

序 一

生命的意义不在于长短，在于顿悟的早晚。

生而为人是幸运的。一个人来到世上的概率是几十亿分之一，这是奇迹中的奇迹。生而为人又是不幸的，自出生的那一刻起人就有了八苦：生、老、病、死、怨憎会、爱别离、求不得、五阴盛。超越八苦的人是幸运的，被八苦着相的人是不幸的。如何超越这些痛苦，享受生命的恬淡与静美，幸福与快乐，可以从本书找到答案。

本书从第一章的"活着"到最后一章的"死亡"，贯穿了"情绪、着相、人性、天道、灵魂"等三十六个章节的内容，既独立成章，又循序渐进。从思考篇、开悟篇、境界篇三个大的方面进行了渐进式剖析，意在使人尽可能摆脱人性的束缚，思索生命的意义，修身养性，不断觉醒，直至顿悟。

人如果不能在生命的某个时刻顿悟，则痛苦往往会伴随其一生。本书或许能打开人生觉醒的大门，使人远离痛苦，发现自我，活得更加明白和通透，在生命的最后一刻说一句：此生无憾！

序 二

"我这一生走来可有遗憾？"大多数人是在晚年或者是生命的最后一刻才发出这一终极之问。蓦然回首这一生，才发现竟然跟没活过一样，大脑一片空白，如同一张白纸，没有一件可圈可点、引以为傲的事，没有任何刻骨铭心的回忆。此时才顿悟，然而为时已晚，人生不能重来，只能带着永久的、无法弥补的遗憾默默地离开这个世界。只有极少数人在活着的时候能够觉醒，在有生之年拓展了生命的宽度和广度，度过了无悔的一生。风华正茂时的顿悟强于暮年迟至时的觉醒。本书的初衷就是希望读到此书的有缘人能提前顿悟，唤醒自己的本心，找到生命的意义，早日活成自己想要的样子。

只有顿悟后的人才会明白，悲欢离合、生老病死是人生的常态。只有悟到这一点，才能坦然接受世事的无常，不执着于结果，于风吹雨打中闲庭信步，于峥嵘岁月中独享安宁。才会明白这个世界上没有绝对的公平，更没有什么是理所当然的；不会遇到一点点挫折就悲天悯人，陷于绝望；也不会因一点点成就就洋洋得意，忘乎所以。

顿悟跟年龄无关，有的人活了80岁也还没有活明白，只是日复一日、年复一年地重复着同样的日子，不知道自己是谁，更不知道此生的目的与意义何在，在随波逐流中不知不觉地走完了这一生。

顿悟跟读书多少关系也不是很大，有的人从小学读到博士，满腹经纶，最终也没能改变自己的命运，过好这一生。有的人读书不多，却能学以致用，在实践中自我反省，将这一生过得风生水起，有滋有味。

顿悟不是圆滑世故，八面玲珑。那只是讨好了别人，委屈了自己，这种随世俗起舞的日子，虽然可能会被世俗认可，到头来却发现丢失了自己。

顿悟不是呼风唤雨，趾高气扬。傲慢狂妄之人飞得越高，摔得越重。"天狂必有雨，人狂必有灾"，这是规律。

真正的顿悟，是看透生活的本质后，依然热爱生活。明白不管是最初来到这个世界，还是终将离开这个世界，我们都身不由己，因而会格外珍惜这个过程。探求知识，丰富大脑；谈情说爱，享受青春；与人为善，敬天爱人。享得了富贵，受得了贫贱；繁华中不卑不亢，寂寞中独守安宁。懂天道，顺规律，与天地并生，与万物为一。

顿悟后方明白，生活的极致是简单，而不是复杂。作家马德说："这个世界，看似周遭复杂，各色人等，泥沙俱下，本质上，还是你一个人的世界。你若澄澈，世界就干净，你若简单，世界就难以复杂。"层次越高的人，活得越简单；层次越低的人，活得越复杂，越需要很多外在的东西来装饰自己。精于心，简于形，简到极致，就是智慧。黑格尔说："最伟大的真理最简单，同样，最简单的人也最难得。"正所谓大道至简。

顿悟，方能明白发生在这个世界上的99%的事跟自己无关，只需做好跟自己有关的那1%即可。我们拯救不了世界，改变不了别人，能改变的只有自己。学会集中时间精力，全力以赴于分内之事。改变能改变的，接受不能改变的。

顿悟，方明白真正的富有是精神的富有，是内心的丰盈。功名利禄等外物只不过是归自己使用几十年而已，并不属于自己，终究无法带走。正所谓万物皆为我所用，万物皆不为我所有。倘若不明白这一点，就会在欲望的泥潭里劳累奔波，负重前行，身心俱疲。多欲者累，寡欲者安，无欲者强。

懂得"君子求诸己，小人求诸人"。凡事首先从自身找原因，而不是怨天尤人，一味责备他人，责备外界。不管身在何处，处于什么样的环境，都会"每日三省吾身"。居庙堂之高的曾国藩，可以独善其身，成为修身悟道之高人；处江湖之远的王阳明身居山洞，处境艰险，亦可心系天下苍生，"龙场悟道"，创立阳明心学。

顿悟，方能不以物喜，不以己悲。不纠结于别人的眼光，不活在别人的言论中。曾经有个叫土诚绮（一说士成绮）的人去拜访老子，看到老子的屋内杂乱不堪，说："我听说你是一个圣人，谁知，你像老鼠一样。"老子听完，毫无反应。第二天，土诚绮觉得自己失礼，来跟老子道歉。老子说："你骂我是牛、是马、是老鼠，有什么关系？改变不了什么，我还是我。"现实中，若因为别人一句难听的话就耿耿于怀，甚至怒火中烧，实在大可不必。活在别人的眼光和言论中，是对自己生命的不负责任。人只有成为自己，生命才真正属于自己。

顿悟，方能明白每个人都不过是苍茫宇宙中的一个过客而已，不会把自己看得太重，自以为是。不管是达官贵人还是凡夫俗子，地球离了谁都一样转。千万不要把自己看得太轻，因为每个人都是独一无二的。

顿悟，方能见自己、见天地、见众生。见自己就是知道自己是谁，想要什么，能干什么、不能干什么，从而扬长避短，有所成就。见天地就是知道万事万物的变化都有其自身的运行规律，只有尊重客观规律，顺应客观规律，才能知世事，面对问题游刃有余，举重若轻，如庖丁解牛那样顺其自然，事半功倍。见众生就是知人心，懂人性，尊重每一个生命，不仰视权贵富有之人，不轻视底层贫贱之人，懂得与人相处之道，跟任何人相处都让人觉得舒服，做任何事情都顺其自然。

顿悟，方能明白每一个今天都是余生中最年轻的一天，每过一天，生命的日历就会减少一天，来日并不方长。不要一味地只做加法，任欲望放纵，要懂得做减法，为生命减压。须知，短短几十年的生命之舟，载不动太多的物欲与虚荣。不去参加无聊的聚会，拒绝无效的社交，明白狂欢不过是一群人的孤独，要把时间用在有意义的事情上。

顿悟者明白平和的心态来自内心的包容，不会为鸡毛蒜皮的事斤斤计较。不再执着于黑白，凡事跟人争对错、论高下，因为很多事情没有对错，所谓的对错只是每个人的认知视角不同而已。争辩只会赢了面子，却输了里子。面对他人的无端指责和谩骂时，或者沉默，或者一笑而过。知道每个人都是环境的产物，会尊重每个人的选择，不会说三道四，更不会把自己的意志强加给别人。

顿悟者静坐常思自己过，闲时不论他人非。知道群聚时守口，独处时守心。常于阅读中思考，宁静中自省，阳光下沐浴，草长莺飞中漫步。将能量聚焦于内心，使负面的情绪及外界的杂音无法靠近自己,故而能做到猝然临之而不惊,无故加之而不怒,悠闲中不寂寞,忙碌中不紧张。

　　海德格尔说过:"人安静地生活,哪怕是静静地听着风声,亦能感受到诗意的生活。"

目 录

思考篇

第一章　活着　　002

第二章　梦想　　012

第三章　选择　　020

第四章　能力　　028

第五章　时间　　036

第六章　强弱　　042

第七章　情绪　　050

第八章　虚荣　　060

第九章　恐惧　　068

第十章　着相　　075

第十一章　心态　　082

第十二章　改变　　092

开悟篇

第十三章　内心　　102

第十四章　当下　　113

第十五章　沉默　　122

第十六章　傲慢　　130

第十七章　谦卑　　137

第十八章　谎言　　143

第十九章　客观　　149

第二十章　痛苦　　156

第二十一章　幸福　　167

第二十二章　人性　　177

第二十三章　无常　　188

第二十四章　静心　　196

境界篇

第二十五章	格局	204
第二十六章	阅读	214
第二十七章	孤独	221
第二十八章	道心	229
第二十九章	逆思	235
第三十章	放下	242
第三十一章	不争	252
第三十二章	修养	260
第三十三章	慈悲	269
第三十四章	天道	276
第三十五章	灵魂	285
第三十六章	死亡	293

思考篇

第一章　活着

除了思想，人跟动物还有其他区别吗？

"我是谁？从哪里来？到哪里去？"自从古希腊哲学家提出这个问题，并将其作为一个哲学命题，这一关于人生的终极之问便有了仁者见仁、智者见智的解释。

最直白的解释是"从娘胎里来，活好这一辈子，到坟墓中去"。对于普通人来说，知道这一点已经足够，大多数人也是这么过的。如果深究下去，娘从哪里来？祖先又从哪里来？教科书上给出的答案是最初的人类是从猿猴进化而来的。那么猿猴又从哪里来？倘若一直追问下去，也只能由达尔文等生物学家去研究了。中国有"女娲造人"的传说，西方有"上帝造人"之说。哲学层面的解释也不尽相同，如柏拉图[①]认为世界上的万物都有一

[①] 柏拉图（公元前427年—公元前347年），古希腊伟大的哲学家，也是整个西方文化中最伟大的哲学家和思想家之一。创造或发展的概念包括柏拉图思想、柏拉图主义、柏拉图式爱情等。

个在理念世界存在的本体，每个人都是完美的理念世界当中完美的"人"的仿制品，每个人的灵魂都来源于完美的"人"的仿制品，每个人的灵魂都来源于完美的理性世界。老子①认为宇宙万物的本源是"道"，万物皆来自于虚无，我们可以解读为从虚无中来，到虚无中去。

不管怎样，人从呱呱坠地那一刻起，就宣告了一个生命的诞生，这在本质上跟其他动物的出生没有什么区别。但法国哲学家帕斯卡尔在其《思想录》里说："人只不过是一根苇草，是自然界最脆弱的东西，但他是一根能思想的苇草。用不着整个宇宙都拿起武器来毁灭；一口气，一滴水就足以致他死命了。然而，纵使宇宙毁灭了他，人却仍然要比致他于死命的东西高贵得多，因为他知道自己要死亡，以及宇宙对他所具有的优势，而宇宙对此却是一无所知。"一方面，我们看到了人的脆弱性，跟其他所有生命一样，有生就有死。另一方面，我们又看到了人的高级性，可以思考，有自己的思想，同时还有超凡的认知能力，能认识宇宙万物。

能思考、有思想是人跟其他动物的根本区别，人如

---

① 老子，姓李，名耳，字聃，中国古代思想家、哲学家、文学家和史学家，道家学派创始人，著有《道德经》，是全球文字出版发行量最大的著作之一。

顿悟——发现自我

果没有了思想就跟其他动物一样了。这就应了苏格拉底[①]那句话"这个世界上有两种人,一种是快乐的猪,一种是痛苦的人,做痛苦的人,不做快乐的猪。"有思想的人常常是痛苦的,因为知识越丰富、知道的越多、认知层次越高就会发现自己越无知,甚至感到越迷茫。不过作为一个想要活得明白点的人,就必须承受这一探索过程所带来的痛苦,因为认知后的痛苦远比愚昧无知的麻木更有价值,更能体现作为人的意义所在。当然,也可以什么都不去想,睁开眼睛就吃,闭上眼睛就睡,没心没肺地活,成为苏格拉底笔下那种快乐的猪。

人从根本上主要面对两个问题,一是生存问题,得活下来。二是生命价值的问题,让心有个安处。普通人基本停留在第一个问题上,即为生存奔波在追求物质的路上。"天下熙熙皆为利来,天下攘攘皆为利往"就是对这种追求的诠释,这种追求本身没有错,只是由于人性的贪婪和欲望的无穷,使人无法止步于这种追求。有了10万想要100万,有了100万想要1000万;有了小房子想要大房子,有了大房子想要别墅,以至于终生都在这条路上奔波,到死也还没能满足自己的欲望,更没有弄

---

① 苏格拉底(公元前469年—公元前399年),古希腊著名的思想家、哲学家、教育家,他和他的学生柏拉图,以及柏拉图的学生亚里士多德被并称为"古希腊三贤",西方哲学的奠基者。

明白人生的意义。

有些人则不仅仅停留在第一个层面上,他们开始思考生命价值的问题,有了对生命意义的思索和追求。"天行健,君子以自强不息;地势坤,君子以厚德载物。""路漫漫其修远兮,吾将上下而求索。""为天地立心,为生民立命,为往圣继绝学,为万世开太平。"这一系列的古代士大夫情怀,不知不觉成了几千年来有思想、有追求、有抱负之人的人生哲学。

历史进入21世纪的今天,功利思想依然盛行。马路上拥堵的汽车,地铁里川流不息的人群,现代人生活的忙碌程度、焦虑程度可见一斑。人们每天步履匆匆地奔波于功名利禄之间,有的年纪轻轻就猝死在拼搏的路上,有的身价过亿却无福消受,或身陷囹圄或过劳致死。社会虽在发展,但"人为财死,鸟为食亡"的古语却一直深深地刻在人性上,亘古未变。很多人口袋里是满的,但脑袋里是空的。周国平[①]说:"许多时候,我们的内在眼睛是关闭着的。于是,我们看见利益,却看不见真理;看见万物,却看不见美。看见世界,却看不见上帝,我们的日子是满的,生命却是空的,头脑是满的,心却是

---

① 周国平,1945年出生于上海,中国社会科学院哲学研究所研究员,中国当代著名学者、作家、哲学研究者。代表作《妞妞:一个父亲的札记》,出版《人与永恒》《周国平人生哲思录》等。

空的。"

日子太满，就没时间也不会去思索生命的价值。很多人常常在贪欲中失去幸福，在忙碌中失去健康，在追逐中失去沿途的风景。人的一生如一张白纸，怎么画，画什么，取决于自己。有的人来时是一张白纸，走时还是一张白纸，没有留下任何痕迹，从没思考过人生的意义。有的人总是画得很满，不留一点空间，只是不停地画，虽辛苦一生，到头来也不知道自己画了什么。特别是那些把日子安排得满满的，每天都在忙忙碌碌，一生都在一刻不停地做着加法的人，如同一个上紧了发条的钟，把自己搞得精疲力竭，看似是争分夺秒地利用时间，实则忙不出什么结果。没有目标、规划的忙碌，只能说是利用战术上的勤奋掩盖战略上懒惰的瞎忙，没有多少效率可言。这就如同只知道低头拉磨，从不抬头看天的驴子一样，拉了一辈子的磨却还在原地打转。磨平了岁月，耗尽了生命，却没有任何成就可言。

擅画者留白。一个擅长绘画的大师总是在纸上留出足够的空白，乍看存憾，再看却恰到好处，而拙劣的画工总是画得很满。一个会生活的人知道自己是谁，知道自己要什么，知道什么能做、什么不能做，该忙时全力以赴，该休息时心无挂碍，身心放松。给生活留出足够的空白，给生命留出思考的时间，是人生的智慧，也是有意义的人生所必需的。

庄子[①]在濮河钓鱼，楚国国王派两位大夫前去请他做官，他们对庄子说："希望能用全境的政务来劳烦您啊！"庄子拿着鱼竿，没有回头看他们，说："我听说楚国有一只神龟，死了已有三千年了，国王用锦缎将它包好放在竹匣中珍藏在宗庙的堂上。这只神龟，它是宁愿死去，留下骨头让人们珍藏呢，还是情愿活着在烂泥里摇尾巴呢？"两个大夫说："情愿活着在烂泥里摇尾巴。"庄子说："请回吧，我要在烂泥里摇尾巴。"高官厚禄加身，若没有了自由与快乐，有何意义！拥有巨额财富，却失去了生命，有何意义！庄子在高官厚禄与自由逍遥之间选择了后者。周国平说："面对动物或动物般生活着的芸芸众生，觉醒的智慧感觉到一种神性的快乐。"

亚历山大巡游某地，遇见正躺着晒太阳的第欧根尼，亚历山大说："我是亚历山大大帝。"哲学家说："我是狗儿第欧根尼。"大帝问："我有什么可以为先生效劳的吗？"哲学家说："不要挡住我的阳光。"亚历山大大帝以军事上

[①] 庄子（约公元前369年—公元前286年），战国中期哲学家，是我国先秦（战国）时期伟大的思想家、哲学家、文学家。是道家学说的代表人物，与道家始祖老子并称为"老庄"。代表作《庄子》名篇有《逍遥游》《齐物论》等，庄子主张"天人合一"和"清静无为"。

的征服为荣,第欧根尼以哲学上的思考为乐。人的幸福感来源于做自己喜欢的事。

仓央嘉措[①]说:"世间事,除了生死,哪一桩不是闲事。"

可世间偏偏有太多的人用自己的一生去追逐这等闲事。有的人为了捞个一官半职,溜须拍马,奴颜婢膝,丢失了尊严,失去了自我。心若不安,又何谈幸福!有的人为了钱财日夜奔波,透支生命,失去健康得来的财富于生命而言还有多大意义!赚钱后又肆意挥霍,在醉生梦死中浑浑噩噩,没有灵魂的生活是人生的莫大悲哀。更有甚者,心理极度脆弱,经不起一点点风吹浪打,做生意赔点钱就去跳楼,离个婚就去轻生,把只有一次的生命当成了解脱困境的唯一筹码。要知道生命何等可贵,不妨在遇到这些问题的困扰以致不能自拔时,去看看夜晚露宿在桥洞下的乞丐,他们虽生存艰难却没有怨天尤人;或去医院的重症室看看那些奄奄一息的病人,他们虽面临死亡,却仍然顽强地活着,对生的欲望何等强烈。当因为利益纠纷跟他人争吵,大动干戈时,不妨去墓地看看,看看他们有哪一个能把生前的财富带走。

---

① 仓央嘉措(1683.03.01—1706.11.15),六世达赖喇嘛,法名罗桑仁钦仓央嘉措,著名的诗人、西藏最具代表的民歌诗人,著有藏文木刻版《仓央嘉措情歌》。

庄子说:"人生天地之间,若白驹之过隙,忽然而已。"不管时代如何发展,科技如何发达,只要时间在流淌,一切就都在循环往复中。不管是王公贵族,还是平民百姓,只要是人,都难免一死。三万多天,这是没有任何天灾人祸和意外情况下人的正常寿命,更何况谁也不敢保证明天和意外哪个先来。想不开的时候,算算自己还剩多少日子可以折腾。想明白了,就不会透支生命去争名夺利了,就不会为鸡毛蒜皮之事斤斤计较了,更不会随意生气、拿着别人的错误来惩罚自己了。

生命是唯一的、也是有限的,虽然我们无法延长生命的长度,但可以拓展生命的宽度和厚度,宽度是指一个人生命的价值,厚度是指一个人生命的境界。富兰克林[①]说:"死于25岁,葬于75岁。"主要是指那些激情消失,梦想破灭,万念俱灰,精神死去的人。也指那些浑浑噩噩,坐吃等死的人,这种人虽有生命的长度,却没有生命的宽度和厚度。哀莫大于心死,这是生命的另一种悲哀。

生命的有限性和体能的有限性,决定了人只有把时间和精力用在最有价值的地方才会有所收获。现实中人们往往忽视了一点,也是最重要的一点,那就是人的生

---

① 本杰明·富兰克林(1706年1月17日—1790年4月17日),美国政治家、科学家,《独立宣言》起草和签署人之一,美国制宪会议代表及《美利坚合众国宪法》签署人之一,美国开国元勋之一。

命其实是一直在做减法。当背负的东西越来越重时,生命之舟就会中途搁浅或沉没,无法安全抵达彼岸。这实际是在无意识地透支健康和生命,削减生命的能量。每个人每天看上去都有一大摊子的事等着去做,似乎不做不行。可假如知道自己的生命所剩无几的时候,人们还会去做这一大摊子的事吗?很显然,人们就只会去做自己认为最重要的事了。既然如此,不妨把每一天都看作是生命中仅剩的,随即就会知道于我们而言,哪些事最值得做。如此一来,所做之事才会有价值,生活才会有序有闲,生命的质量才会得以最好地优化。

"天生我材必有用",每个人都是独一无二的,都有自己的活法。虽然起点不一定相同,但终点必定相同,没必要纠结,关键是如何在起点与终点这段路程上让生命之花绽放出最美的色彩,不留遗憾。有的人可能生即富贵,不劳而获,养尊处优,这是命运提醒你要有居安思危的忧患意识;有的人可能生即贫穷,一生都在穷苦中挣扎,这是命运在给你一个绝地反击的机会。有的人可能青史留名,有的人可能默默无闻,这是命运在告诉我们,每个人来到这个世界上都有自己的星辰和大海,都有自己独特的价值。幸运者没必要自命不凡,不幸者也没必要妄自菲薄,因为一切都在轮回中。

"尺有所短,寸有所长。"当你羡慕别人的荣华富贵时，别人也许正羡慕着你的悠闲自得。他有他的叱咤风云，你有你的无忧无虑。大树有大树的高大，小草有小草的芬芳。正所谓"梅须逊雪三分白，雪却输梅一段香"。不管身后留下的是辉煌还是平淡，只要在这段人生的旅途中看到了自己最想看的风景，做了自己最渴望做的事情，活成了自己想要的样子，便是生命的美好。

顿悟——发现自我

第二章 梦想

苍蝇之所以被称为无头苍蝇,是因为它不知道去哪里。

  人需要有一个梦想,否则就会跟无头苍蝇一样,不知道飞往哪里。尼采[①]说:"人宁可追求虚无,也不能无所追求。"没有梦想的人不知道自己为什么活着,为什么忙碌,只是稀里糊涂地干,稀里糊涂地活,无形中让自己变成了一具行尸走肉,这样的人生是可悲的,虽然活着,但并没有真正意义地活着。正如臧克家所言:"有的人活着,他已经死了。"

  王阳明[②]说:"志不立,天下无可成之事;虽百工技

---

  ① 弗里德里希·威廉·尼采(1844年10月15日—1900年8月25日),哲学家、语文学家、文化评论家、诗人、作曲家、思想家。代表作《权力意志》《悲剧的诞生》《论道德的谱系》等。

  ② 王阳明(1472年10月31日—1529年1月9日),明朝杰出的思想家、文学家、军事家、教育家。创立阳明心学,有《王文成公全书》传世。

艺，未有不本于志者。今学者旷废隳惰，玩岁愒时，而百无所成，皆由于志之未立耳。故立志而圣，则圣矣；立志而贤，则贤矣。志不立，如无舵之舟，无衔之马，漂荡奔逸，终亦何所底乎？"没有志向，天下虽大，也可能会一事无成；大海中的无舵之舟，只能随波逐流；草原上的无衔之马，只能胡乱奔跑。人不立志，没有追求，只会贪图安逸，旷废时日，得过且过。什么样的价值观决定什么样的志向，建立在价值观基础上的志向，才会本能地去追求，全力以赴地去践行，直至最终实现。立志成为圣人，才有可能成为圣人；立志成为贤人，才有可能成为贤人。有了梦想，才会有清晰的人生观，在人生的十字路口和繁杂的事务中不至于迷失了方向。才会有跌倒后爬起来继续前行的勇气，催生内心的使命感，坚定不移地去做自己这辈子要做的事。否则只能在黑夜里摸索着行走，尽管走了很久，最后发现还是在原地打转，虽然打拼了多年，却跟多年前一样贫穷。而梦想就是黑夜中的灯塔，只有向着灯塔的方向前行，才能到达目的地，最终给自己一个满意的人生。

梦想何时确立？答案是越早越好。确立得越早，行动得越早，时间越充沛，实现的可能性就越大。唐玄奘①13岁时，时任大理卿的郑善果奉命在洛阳招收十四名资优少年出家为僧。候选者达数百人之多。当时的玄奘因年纪小无资格参加考试，但不肯离去。偶遇郑善果问他："你出家是为什么呢？"小玄奘答："远招如来，近光遗法。"意思是从远的说，我希望继承如来的佛法，从近的说，我希望能够将佛法发扬光大。被郑善果破格录取。从此他西行求法，往返十七年，旅程五万里，跋山涉水，历尽千辛万苦带回大小乘佛教经律论五百二十夹，六百五十七部。归国后受到唐太宗召见。成为中国汉传佛教唯识宗创始人。王阳明12岁上学期间问老师："人生第一大事是什么？"老师答："读书考取功名。"王阳明说："考取功名未必是人生第一大事。"老师问："你觉得什么是人生第一大事？"王阳明答："读书做圣人。"唐玄奘、王阳明都在年少时便有了清晰的人生目标，从此一生都走在这个梦想的路上，虽历尽千难万险，亦不曾动摇其坚定的梦想，终成正果。唐玄奘的汉传佛教，王阳明的阳明心学都在中国历史上留下了浓墨重彩的一笔，影响至今。

种下一棵树，最好的时间是十年前，其次是现在。

---

① 唐玄奘（602年—664年），唐代高僧，我国汉传佛教四大佛经翻译家之一，中国汉传佛教唯识宗创始人。

只要梦想在，激情就在，希望就在。因此任何时候的觉醒和开始都是正逢其时，姜子牙 73 岁出山拜相，85 岁率军伐纣；左宗棠 49 岁方步入仕途；拜登 78 岁当选美国第 46 任总统。只要活着，并且想要活得有价值，就必须有一个梦想。

有了梦想，内心的使命感会促使自己在白天行动，晚上反思，每日都会围绕这一梦想去优化和努力，让自己每天一点点逐渐接近目标，拥有成就感，给自己一个充实而没有遗憾的人生，不至于在空虚和无聊中打发日子。

梦想不是不着边际的空想，不是越大越好，需要根据自己的价值观，自己的实际能力量身定做。小草有小草的梦想，如果以成长为大树为目标，只会徒增烦恼，因为实现不了。大树有大树的目标，倘若以小草为追求，是大材小用，是在浪费自己的生命和价值。梦想没有高低贵贱之分，适合自己的就是最好的。

梦想的实现需要聚焦和专注，一个人的生命长度和认知是有限的，目标太多，可能一个都做不好。择一事，终一生。一辈子，能做好一件事，就挺值得欣慰。啥都想做，恐怕啥都做不好。太阳只有聚焦于纸的一点，才能将纸燃烧。人只有聚焦于一个目标，一个领域，并释放出终生的能量，才可能有所建树。乔布斯①的目标"活着就是为改变世界"。他一直围绕着这个目标去发展、去创新。苹果手机的出现最终改变了人们的生活方式，乃至改变了世界。马斯克说："我非常希望人类有光明的未来。"创办了太空探索技术公司。华为的"20年后，世界通信业三分天下，华为有其一"，其创始人任正非说："我们只做一件事，只对准通信领域这个'城墙口'冲锋"，于是做成了世界通信行业的老大。巴菲特②一生专做股票，而且就做可口可乐、华盛顿邮报、苹果等几只股票，做成了世界富翁。专注中才能觉悟生命，让生命与使命融为一体，体验并享受这一过程中的乐趣。反之，有太多的人，目标也定好了，但在实施的过程中遇到困难或看到时下流行的、更好的就放弃了自己制定的目标。经受不住纷繁复杂世界的无限诱惑，结果目标定了一个又一个，到头来发现什么也没做成。

将军赶路，不会去追逐路边的兔子。只有全力以赴于既定目标，不被沿途的诱惑和杂音所干扰，才有可能

---

① 史蒂夫·乔布斯（1955年2月24日—2011年10月5日），美国发明家、企业家、苹果公司联合创始人。

② 沃伦·巴菲特，1930年8月30日出生于美国。全球著名的投资家，主要投资品种有股票、电子现货、基金行业，被民间誉为"股神"称号。

让目标化为现实。书本华①说:"世间最大的幸福莫过于拥有丰富的个性。"曹雪芹倾其一生,才有了流传千古的《红楼梦》;法国小说之父巴尔扎克一生也只写了一部《人间喜剧》,却成为世界文学史上的巨著。反观现实中的很多人为了吸引流量而迎合时下的潮流,不管是写作还是直播,充其量不过是哗众取宠,刷存在感而已。虽一时引来阅读量与喝彩,最终敌不过时间的沉淀,成为过眼云烟。真正有深度、高质量的文章,即使时下没有几个人去阅读,但终究会留下历史的印记。在这个个性张扬、感性而又快速刷屏的时代,很少有人能静下心来去阅读发人深省的图书。同样在浮躁的大环境之下,也许只有一个长远而具体的目标和执着于这个目标的理念,才可以使自己免于随波逐流,迷失自我。

梦想实现的过程中,坚定的信念必不可少。戴娜·科斯塔克说:"一个人制定了一项长期的计划后,坚定地认为计划的成功或失败完全取决于自己,那么他很可能会成功;另一个人制定了一个长期计划后,认为计划的成功或失败有10%取决于自己,另外90%取决于其他因素,前者成功的可能性远大于后者。"很多人遭遇挫败后首先

---

① 亚瑟·叔本华(1788年2月22日—1860年9月21日),德国著名哲学家。代表作《作为德意志和表象的世界》《附录与遗补》等。

想到的是如何归咎于他人，归咎于环境，从不反省自己，这就很难激发自己在目标上的深度思考，积累相关的知识和经验，更谈不上会有什么建树。

梦想是绝望中的星星之火，可以使人在疲劳、颓废、甚至想要放弃时，看到希望，重新点燃起生命的激情和在困境中坚持下来的勇气。司马迁忍受宫刑之痛苦，在狱中仍不停笔，因为《史记》是其一生最大的梦想。在这种强大的信念支撑下，前后历经14年，最终完成了中国历史上第一部纪传体通史。知道为什么而活就能忍人所不能忍，承受各种生活之重。

人如果没有一个明确的目标，就没法规划自己的人生。早上醒来就不知道去干什么，晚上睡前也不知道思考什么。整日沉溺于一些毫无意义的琐事之中，日复一日、年复一年地得过且过，几年后，会发现自己已不再年轻，但却一事无成。尼采说："每一个不曾起舞的日子，都是对生命的辜负。"

拥有梦想不代表能实现梦想，持之以恒的行动才是关键。有人问农夫："种麦子了吗？"农夫："没有，我担心天不下雨。"那人又问："那你种棉花没？"农夫："没，我担心虫子吃了棉花。"那人再问："那你种了什么？"农夫："什么也没种，我要确保安全。"

种瓜得瓜，种豆得豆，不种不得。船停泊在港湾最安全，但那不是人们造船的初衷；人窝在家里最安全，但那不是来到人世的目的。什么梦想也没有，不用追求、不用思考、不用奋斗是最舒服的，但也是最悲哀的。如果说种植每一种作物都是一个梦想，当不付诸行动的时候，土地还是荒芜的。如果说大脑是用来思考的，当里面没有了人生的梦想时，跟其他动物的大脑是没有区别的。

　　生如蝼蚁当立鸿鹄之志，命如纸薄应有不屈之心。人生因梦想而伟大，因胸无目标而平庸。面对只有一次的生命，没有理由不活成自己想要的样子。给自己一个梦想，一个希望，就是给了自己一个超越自己、见证自己生命精彩的机会。

第三章 选择

人生的过程就是一个选择的过程。选择对了,人生可期;选择错了,人生无望。

人的一生大约有三万天,如果除掉睡眠的时间,就只剩下一万多天了。区别在于有的人真实地活了一万多天,有的人只活了一天,不过是重复了一万多次而已。每个人都是这个世界上的匆匆过客,有的人活成了自己想要的样子,有的人活成了行尸走肉,其中的关键是选择。有什么样的选择就会有什么样的人生。选择对了,梦想成真,人生可期;选择错了,光阴虚度,人生无望。

环境的选择,每个人都是环境的产物。所谓"橘生淮南则为橘,橘生淮北则为枳"。什么样的环境造就什么样的人生。世人耳熟能详的"孟母三迁"的故事,就是为孩子寻找最佳成长环境的例子。起初孟母家靠近墓地时,她发现年幼的孟子玩耍的都是下葬哭丧一类的事。

便将家搬到一处集市旁,发现孟子又学起了奸猾商人夸口买卖那一类的事。便又将家搬到了一个学宫的旁边。发现孟子所学玩的是作揖逊让、进退法度这类礼仪方面的学问了,于是就一直住在了这里。

环境对一个人,特别是对未成年人的成长有着直接的关系,孟子能成为一代大儒,跟小时候母亲给他创造的良好环境,并利用这种环境渐染教化是分不开的。家庭幸福和睦环境里长大的孩子,大多身心健康,积极乐观。婚姻不幸家庭里长大的孩子,可能有性格缺陷,消极孤僻。久居兰室不闻其香,久居鲍肆不觉其臭。生活在一个环境里,时间久了就觉察不到其异样,但无形之中会对自己的性格、思想、观念等产生重大影响。生活在草原的人性格豪爽,体格健壮,擅长骑马、游牧;生活在海边的人聪明豁达,泛着油光的肌肤更适合游泳、捕鱼。

人的选择,选择跟什么样的人在一起,就会成为什么样的人。所谓"近朱者赤,近墨者黑"。跟着蜜蜂采花蜜,跟着苍蝇找厕所。即使搏击长空的雄鹰如果长期跟鸡生活在一起,也无法再飞上蓝天;凶猛强悍的野狼长期生活在羊群里便失去了狼性。壮志凌云的人长期跟负能量的人在一起,也会使意志消耗殆尽,变得不思进取。长期跟各方面都优秀、充满正能量的人在一起,潜移默化中自己也会越来越优秀，成为阳光快乐、积极向上的人。跟对人，不仅能做成事，还会成就自己的一生；反之，不仅碌碌无为，还会毁掉自己的前程。韩信跟着项羽只是个守门官，跟着刘邦却成为统领三军的大将军。

目标的选择，一是跟上时代的步伐，从社会发展的实际需要为出发点做出的选择，才能与时代发展的脉搏相融合，有用武之地。在现代交通高度发达的今天，倘若再把马鞭作为研究目标就是个笑话。二是根据自己的价值观和兴趣做出的选择，才会从骨子里热爱并释放出最大的潜能。本意驰骋商海，却选择偏居井底，无论怎样扑腾也掀不起浪花。兴趣明明是搞科研，却选择去种地，就是南辕北辙。三是根据自己能力的大小做出的选择，才有可能实现，体现出自身的价值。明明只是一只鸡，却渴望成为一只鹰；明明只是一棵小草，却以长成大树为目标，就是自寻烦恼。选择对了，事半功倍；选择错了，事倍功半。目标没有高低之分，关键是能否适合自己。

功成名就之人，往往因为选择不同，为自己带来了不同的命运。选择急流勇退者大都能独善其身，选择荣华富贵者大都祸不单行。同样为越王勾践立下汗马功劳的范蠡和文种因为选择不同，带来了不同的结局。深谙"狡兔死，走狗烹。飞鸟尽，良弓藏"之道的范蠡选择了弃官从商，从此富甲一方，平安一生。选择了高官厚禄的文种,终被杀害。"汉初三杰"中的张良和韩信也遭遇了同样的命运,他们在帮助刘邦建立政权后,张良选择了远走高飞,云游四海。韩信选择了荣华富贵,有了跟文种一样惨被杀害的结局。三国时期的司马懿帮助曹丕登上王位后,曹丕要给予他各种高官厚禄,他选择了拒绝,只是做了个没有实权的文职官员。正所谓"智者务其实,愚者争其虚"。如此方不被曹丕及曹氏权贵所猜疑和嫉妒,最终成为曹魏政权的终结者,成了笑到最后的人。不贪恋荣华富贵,知进退、懂取舍既是自保之道,也是以退为进的处世之道。

面对他人的挑衅侮辱,面对艰难的处境,选择不同,人生不同。血气方刚者选择拔剑而起,挺身而斗。轻则两败俱伤,重则丧失生命。大智大勇者临之不惊,加之不怒,分得清轻重利害,能屈能伸。选择保全性命,保存实力。著名诗人普希金面对跟妻子有不正当关系的丹特士选择了决斗,不幸身亡,结束了38岁的年轻生命,被誉为"俄国诗歌的太阳"就此沉落。穷困潦倒的韩信面对无赖的挑衅选择了忍受"胯下之辱",西汉王朝的大将军就此诞生。身陷困境时,意志薄弱者往往悲愤交加,无法承受困境之难和内心的压抑,倒在了困境之中。内心强大者不仅能顽强地活了下来,还能融入困境,营造对自己的有利局面,并趁此机会对自己进行反思。"初唐四大书法家"之一的褚遂良被贬,无法承受途中之苦难和内心之绝望,在流放途中悲恨而死。一代大儒王阳明在被贬至偏远的贵州后,不仅在阴暗潮湿的山洞里活了下来,跟当地群众关系融洽,给他们讲课,还"龙场悟道",创立了心学。

价值观不同,选择不同。有人视功名利禄为一切,追求一生;有人视逍遥自在为快乐,享受其中。惠施选择在朝为官,以仕途为荣并珍惜有加。庄子选择逍遥自在,对此不以为然。《庄子·秋水》篇记载:惠施在梁国做国相,庄子去看望他,有人告诉惠施说:"庄子到梁国来,是想取代你做宰相。"于是惠施非常害怕,就在国都搜捕了三天三夜。庄子前去见他,说:"南方有一种鸟,他的名字叫鹓鶵,你知道它吗?那鹓鶵是从南海起飞,要飞到北海去;不是梧桐树就不栖息,不是竹子所结的子就不吃,不是甘甜的泉水就不喝。在此时鸱鹰拾到一只腐臭的老鼠,鹓鶵从它面前飞过,鸱鹰看到仰头发出'吓'的怒斥声。难道现在你也想用你的梁国相位来'吓'我吗?"惠施听后羞愧难当,自己当作宝的高官,在庄子看来不过是一只腐臭的老鼠,还担心人家庄子来抢。

仁者乐山,智者乐水。古代圣贤大多选择与大自然为伍,陶冶情操,感悟生命。"采菊东篱下,悠然见南山"是田园诗的开创者陶渊明的选择,解印辞官,沉浸于"晨夕看山川，事事悉如昔"的田园生活。看透了官宦生活，自由逍遥于鸟语花香的大自然，最终成为田园诗数量最多，成就最高的诗人之一。

传道、授业、解惑，周游列国传播"仁义礼智信"是孔子的选择，最终成为思想家、教育家、政治家，儒家文化的开创者。

独与天地精神往来、乘物以游心是庄子的选择，最终成为战国时期伟大的思想家、哲学家、文学家，与老子并称为"老庄"，被思想学术界尊为"老庄哲学"。

"远招如来，近光遗法"是唐玄奘的选择，虽历尽千难万险，但最终成为中国汉传佛教唯识宗创始人。

"大丈夫当朝游碧海而暮苍梧"是徐霞客的选择，虽跋山涉水，但却矢志不渝，终究成为一代地理学家，被称为"千古奇人"。

他们或者在青山绿水间写诗著书，或者在自由自在中传播文化、思考人生，或者在行万里路中追求知识，探索大自然的奥秘，都在历史的发展中留下了不可磨灭的脚印。

世间事除了生死，其他的都可以选择。生，不能选择，不管是出生于官宦之家、富贵之家还是贫穷之家，身不由己，谁都不能选择。死，不能选择，死于50岁、80岁还是100岁，谁也没法选择。其他的都可以选择，职业可以选择，为政、经商、从军、科研、艺术等，只要是自己喜欢的，适合自己的就是好的。婚姻可以选择，容颜好看的、相貌丑陋的、才华横溢的、端庄秀丽的、个性张扬的，只要自己喜欢就好。关键是要对自己的每一个选择负责，因为有些东西一旦选择错了，可能就要付出代价。职业选择错了，虽然可以改行，但往往难度很大，因为没有足够的勇气。婚姻选择错了，虽然可以离婚，但往往已经疲惫不堪，伤痕累累。选择也意味着放弃，选择了A就意味着放弃了B。李叔同[①]选择了佛门净地，放下了红尘中的荣华富贵乃至家庭妻儿，才得以成为一代高僧弘一法师。鱼与熊掌不可兼得，选择的过程其实就是得与舍的过程。因此选项虽然多，但选择需谨慎，因为每个人必须对自己做出的选择负责并承担相应的后果。

大千世界，芸芸众生，每个人都有自己的选择。有人辞官归故里，有人星夜赶考场。有人向往高官厚禄，前呼后拥，高高在上的感觉，有人对此不以为然。有人追逐家财万贯，金银珠宝，人前炫耀显摆的满足感，有人对此不屑一顾。有人喜欢闲云野鹤，与大自然为伍，

---

① 李叔同（1880年10月23日—1942年10月13日），著名音乐家、书法家、美术教育家、戏剧活动家，中国话剧的开拓者之一。后剃度为僧，被尊称为弘一法师。代表作《南京大学校歌》《夕歌》。

享受那份宁静与洒脱的淡然，有人对此无法理解。

自己做主的人生，才能活出自己，无须活在他人的观念里，太介意他人的议论与评价，无论怎样做都不可能得到所有人的认可。鞋子是否合脚，只有自己的脚知道。只有根据自己的价值观、能力的大小做出的、适合自己的、让自己感到身心愉悦的选择才是最好的选择。

第四章　能力

燕雀也会飞，但不会像雄鹰那样飞往高空，因为它知道自己能力的边界。

人体的结构相同，但能力的大小不同。倘若志大才疏，好高骛远，总是超出自己能力的边界去做事，终将遭受损失，导致失败。目标的确立或职位的选择，应有自知之明，只有根据自己能力的大小去定位自己，目标跟能力相对应，位置跟德行相匹配才能有所作为，保持长久。

如何做出符合自己能力的决定？奥地利心理学家弗洛伊德说："当你做小决定的时候，应当依靠你的大脑，把得失利弊都罗列出来，然后通过理性分析做出正确的决策；而当你做大决定的时候，比如像寻找终身伴侣或者人生理想之类的，你就应该依靠你的潜意识，因为这么重要的决定必然是你心灵的深处发出的。"贝佐斯[①]："我在商业和生活中做出最好的决定，都是靠心、直觉和勇气做出的。"这说明小事可以靠理性做决定，真正牵扯到一生要为之奋斗的目标时必须遵从内心的呼唤。因为只有内心的决定才能释放自己的潜能，将自身的能力最大程度地发挥出来。当然内心的呼唤必须与自己的实际能力相结合，才是一个完美的闭环。

一旦目标脱离了自身的实际能力，就会失去自知之明，做出些令人匪夷所思的事情。一只蚂蚁在路上看见一头大象，蚂蚁钻进土里，只有一只腿露在外面。小兔子看见不解地问："你为什么把腿露在外面？"蚂蚁说："嘘，别出声，大象过来了，我绊他一脚。"寓言虽可笑，但现实中却屡屡上演这类志大才疏，不自量力的故事。"不想当将军的士兵不是好士兵"，大多数时候只是一种鼓励而已。如果一个普通士兵真把自己当成了将军，就把自己的位置摆错了，只会让自己徒添无尽的烦恼。定位不准，很难有成就感。当不顾自身条件，非要像蚂蚁绊大象那样，除了失败和沮丧以外，将一无所得。很多人的失败就是没有定位好自己，不顾自身条件盲目行动的结果。

---

① 杰夫·贝佐斯（1964年1月12日—），创办了全球最大的网上书店（亚马逊），1999年当选《时代》周刊年度人物。

失败后总是归咎于别人，归咎于时代，归咎于环境，唯独不从自身找原因，不自我检讨和反省，以致败笔太多，在生不逢时的抱怨中了此一生。

不能准确定位自己有时是故步自封的结果，将自己的大脑封闭起来，排斥外界的一切，唯恐被外界打破自己固有的观念。生活中我们时常会发现越孤陋寡闻的人越固执己见，越平庸的人越排斥新生事物。坐井观天的青蛙，固执地认为天就是井口那么大；无论别人怎么跟它解释天是无边无际的，它都不会相信。因为它只会以自己的认知来评判是非，而不是以客观实际。查理·芒格[①]说："在手里拿着一把锤子的人眼中，世界就像一根钉子。大多数人试图以一种思维模型来解决所有问题，而其思维往往只来自某一专业学科。但你必须要知道各种重要学科的重要理论，才能洞察问题的本质。"有的人始终抱着过去积累的大量僵化的结论和态度来认识和解决现在的问题，就像手里拿着一个锤子的人，在他眼里满世界都是钉子，不管什么问题，一锤子砸下去就好。别人的思想和观点跟自己不一样，就是错的。满脑子僵化的思想，根本容不进新的知识和理念。觉得满世界只有

---

① 查理·芒格（1824年1月1日—），美国投资家，沃伦·巴菲特的黄基金搭档，伯克希尔哈撒韦公司的副主席。

他的思想是正确的，这类人也无法将自己定位好。过时的知识无论曾经多么实用，在快速发展的时代面前，只会被抛弃。无论马鞭造得多么耐用、美观，当汽车出现时都会毫无用处。无论胶卷多么质地优良，数码相机的出现会令它毫无意义。只有不断学习，提升自我，才能吐故纳新，与时俱进，将自己定位于不断发展的时代中，有所作为。

老子说："知人者智，知己者明；胜人者有力，自胜者强。"强调了了解自己，战胜自己远比了解他人，战胜他人更重要。了解别人容易，了解自己很难。人们习惯于对别人品头论足，对别人的性格、脾气，能力等说起来头头是道。对自己却了解很少，不知道自己是谁，适合干什么，有多大本事。因为不知己，常常去做一些力不能及的，导致损失和失败的事。人贵有自知之明，只有对自己的优势和强项，短板和缺点有充分的了解，才可能对自己有一个正确的认识，发现适合自己的事业，画定自己的能力圈，在自己的能力圈内做事。如果做不到这一点，即使取得一点成就，也是侥幸而已。倘若因此认为自己很厉害，高估自己的能力，将导致最终的失败。也就是我们平时说的靠运气得来的，终究会凭实力亏掉。不知道自己能力的边界，就禁不住他人的蛊惑、奉承或鼓励，在别人心灵鸡汤的灌输中飘飘然，觉得自己真的无所不能。黄鼠狼在养鸡场的山崖边立了块碑，上面写着："抛弃传统的禁锢，不勇敢地跳下去，你怎么知道自己不是一只鹰！"接下来这只黄鼠狼每天就在崖底吃着摔下来的鸡。

现实中很多人经受不住这类心灵鸡汤的诱惑，尽管这种诱惑有时是致命的。"加油，你最棒！""别人能做到的，你也能做到！"在一定程度上可能会鼓舞一个人的士气，但改变不了一个人的能力。当被人过度吹捧时，应保持高度清醒，知道自己有几斤几两，才会意识到吹捧之人是否另有所图，否则会反受其害。据说有个攀登珠峰的年轻人，攀登到四千多米时，发现自己体力不支，毅然返回。同伴鼓励他说，再坚持一下，很快就要到峰顶了，现在回去多么可惜。但他还是下山了。因为他知道自己的体力无法支撑他到达顶峰，别人说是别人不了解他，只有自己心里最清楚自己的体力。

《周易·系辞下》说："德不配位，必有灾殃。"德行不高，人品低下，却身居高位，灾祸必会降临。位置不能高于德行，名声不能大于才华。当有限的才华配不上自身高高在上的名声时，意味着才华在透支大的名声，迟早会引来灾难。就如同地基不牢的高楼大厦的倒塌是迟早的事。战国时期的赵括自幼好读兵书，然而却没有经历过真刀真枪的战场厮杀，总以为自己通晓兵法，战无不胜。结果在他领导的长平之战中四十万大军全军覆没,自己也断送了性命。陆游有两句诗这样说:"纸上得来终觉浅,绝知此事要躬行。"一个人不管读多少书,拥有多少知识,在没有得到实践检验以前,都不要觉得自己博学多识,才华横溢。

查理·芒格说:"你必须清楚自己有什么本领。如果玩那些别人玩得很好,自己却一窍不通的游戏,那么你注定一败涂地。要认清自己的优势,只在能力圈里竞争。如果你确有能力,你就会非常清楚自己能力的边界在哪里。如果你问起是否超出了能力圈,那就意味着你已经在圈子之外了。"同样是一条半米深的河流,牛能够顺利过去,小松鼠看到牛过去了,认为自己也能过去,注定会被淹死在河流中。倘若认为武松能打败老虎,自己喝上几杯酒也去山上打虎,只会成为老虎口中的美食。看到别人做某个行业或某件事成功便以为自己去做也能成功,盲目跟风,极有可能导致亏损乃至失败。

想做什么和能做什么是两个概念。想做什么靠的是梦想和激情,能做什么凭的是能力和智慧。有人适合运筹帷幄,决胜千里;有人适合冲锋陷阵,一马当先。有人高瞻远瞩,目光远大;有人鼠目寸光,只顾眼前。有人凡事看本质,有人执迷于表象。有人适合在群体中发挥更大作用,有人适合单打独斗。什么样的人适合做什么样的事,是根据自身的条件和能力决定的,而不是自己的想当然或者别人的建议。巴菲特说:"如果说我们有什么本事的话,那就是我们能够弄清楚我们什么时候在能力圈的中心运作,什么时候正在向边缘靠拢。"并解释说:"在投资方面我们之所以做得非常成功,是因为我们全神贯注于寻找我们可以轻松跨越的一英尺栏杆,而避开那些我们没有能力跨越的七英尺栏杆。"IBM 的创始人托马斯·沃森也说:"我不是天才。我有几点聪明,我只不过就留在这几点里面。"可以说他们成就的取得,不仅在于给自己画定了能力圈,而且始终在能力圈内做事的结果。

定位正确才能做正确的事。砍柴人只有在山上才能砍到柴,渔夫只有在海里才能打到鱼。人只有找到了适合自己的位置,在自己的能力圈内做事,才能有所成就。达尔文的进化论告诉我们,不是强者生存,智者生存,而是适者生存,不适者被淘汰。普通人再怎么冬练三九,夏练三伏打篮球,恐怕也没有职业篮球选手打得好。《红楼梦》里的林黛玉就是使出吃奶的力气练习刀枪棍棒,恐怕也没有《三国演义》里张飞的力气和霸气。有些能力的差异是先天性的,取决于性格,而性格的形成很大一部分来自父母,是骨子里带来的,很难改变。生长在同一个环境里的大树和小草,不管小草多么雄心勃勃、努力生长，也成不了大树。同样都是人，都五官健全、身高相似，但能力大小是不一样的。这不仅仅有后天努力的成分，更要有先天的优势。有些人，不是下个决心就能战胜的；有些事，不是喊个口号就能做好的。很多失败乃至悲剧的发生就是因为高估自己，或者说不能正确认识自己造成的。

长在同一棵大树上的叶子，没有两片是完全相同的。生活在同样环境里的人，呼吸着一样的空气，一样的衣食住行，能力是不一样的。认清自己的优势，知道自己能力的边界在哪里，在能力圈内发挥自己的聪明才智，才可能少走弯路，有所作为。

第五章　时间

人类看到的是同一个月亮，月亮看到的是不同的人类。

仰望星空，我看到了月亮，月亮也看到了我。不同的是我看到的月亮是唯一的，它看到的我只是人类历史长河中一个瞬间的过客。从远古时起，月亮就开始注视着地球上的一切。直到今天，人类都认识月亮并接受它的光泽，但月亮不一定认识每一个人，尽管它恩泽过每一个人。时间是什么？物理学家爱因斯坦在相对论中说："不能把时间、空间、物质三者分开解释。时间与空间一起组成四维时空，构成宇宙的基本结构。"现代人对时间的定义：时间是人类用以描述物质运动过程或事件发生过程的一个参数，确定时间，是靠不受外界影响的物质周期变化的规律。

历史靠时间来记录。很难想象如果没有时间，历史何以记载！人类优秀的文化成果如何传承！正是每一个时间，每一个事件将历史的线索串了起来，让当代的人们得以了解过往的历史，也让后来的人们了解当代的历史。未来靠时间锁定。小到个人短期目标的制定，人生的长期规划；大到一个国家百年乃至千年大计，都必须以时间为基准，在什么时间实现什么样的目标，没有一个具体的时间，就无法量化目标。

世间是最公平的，从不偏私。不管是王公贵族还是平民百姓，每个人的一天都是 24 小时。泰戈尔[①]说："时间是无私的，也是无情的，他不为快乐的人、任务繁重的人有所延长，也不为痛苦的人、焦急等待的人有所缩短。"

不同的是，有的人浑浑噩噩，每天不知道干什么，坐吃等死，度日如年。有的人只争朝夕，将有限的时间用到了极致。现代管理之父、90 岁的德鲁克仍在写《21 世纪的管理挑战》，96 岁的杨绛[②]写下了散文集《走到人生边上》。他们感到了时间的无情和紧迫，因此在跟时间

---

① 拉宾德拉纳特·泰戈尔（1861 年 5 月 7 日—1941 年 8 月 7 日），印度诗人、文学家、社会活动家、哲学家和印度民族主义者。代表作有《吉檀迦利》《飞鸟集》《文明的危机》等。

② 杨绛（1911 年 7 月 17 日—2016 年 5 月 25 日），江苏人，中国现代作家、文学翻译家、外国文学研究家、中国社会科学院荣誉学部委员。代表作《称心如意》《洗澡》《我们仨》《走到人生边上》等。

进行争分夺秒的赛跑。他们的人生是充实的、无怨无悔的，因为不曾虚度半点光阴。时间的伟大之处在于不会因为一个人的只争朝夕让其早早死去，也不会因为一个人的虚度时光让其长生不老。不同的是只争朝夕者将死之时面对自己一生的累累硕果，心地坦然，不会有太多遗憾；虚度光阴者将死之时面对自己到头来一场空的人生，难掩失落、后悔不已。

时间具有客观性和无限性，因此无法寻找时间的起点和终点，它是没有穷尽的，也会一直存在下去。但人的生命却是有限的，而且是非常有限的，跟没有穷尽的时间比起来，不过一个瞬间而已。2021年世界卫生组织统计：中国人均预期寿命77岁。有了这个数字，每个人就可根据现在的年龄大体上算出还能活多久。虽然会因为遗传等因素会多活几岁或少活几岁，但又有什么区别呢。有人说假如没有了以"年"为单位的计算年龄的方法，只是根据自己的印象来判断自己的年龄，大部分人恐怕不知道自己的年龄。因为大部分人都是平平淡淡，没有什么刻骨铭心的经历，也没有什么惊天动地的壮举。记忆中自然就不会储存下什么东西，甚至连几天前吃的什么都想不起来，也就无法知道自己的年龄了。

时间又是任性的，它只会按照自己的节奏朝着一个方向永不停息地运转，谁也不能让它停下来，更不会让它倒流。不管是圣人、伟人还是文豪，还是权力无限的皇帝。面对悄然而逝的时间，面对渐渐老去的自己，只有徒增感慨。孔子站在河边感叹："逝者如斯夫！"李白说："夫天地者，万物之逆旅也；光明者，百代之过客也。"千古一帝康熙曾感叹："真的好想再活五百年。"朱自清说："燕子去了，有再来的时候；杨柳枯了，有再青的时候；桃花谢了，有再开的时候。但聪明的，你告诉我，我们的日子为什么一去不复返呢？"无不是对时光如流水的无奈感慨。

无论我们多么虔诚，也挽留不住时光，阻挡其悄然流逝的步伐。所能做的就是尽可能在有限的生命里做些有意义、有价值的事。所谓的有意义、有价值取决于你是一个怎样的人，当把每天所干的事梳理回顾后，就知道自己是怎样的人了。倘若每天所干之事都是围绕着当初制定的目标而进行的，说明你是一个有目标有追求的人。多年后你会看到一个事业有成、无怨无悔的自己。倘若每天不知道干什么，想起什么干什么，说明你是一个没有目标、混天熬日的人。多年后的自己还跟现在一样一事无成。倘若每天就知道看电视、看手机、玩游戏，说明你是一个逃避现实，生活在虚拟世界里的人。多年后的自己跟现在一样，只是一个望着别人的成就感叹的观众。高尔基说："世界上最快而又最慢，最长而又最短，最平凡而又最珍贵,最易被忽视而又最令人后悔的就是时间。"

时间会无情地吞噬一切,不管是大富大贵的王侯将相,还是普普通通的寻常百姓,都会在时间面前渐渐淡出人们的视野。亦如白居易诗云:"山穷碧落下黄泉,两处茫茫皆不见。"时间越久,淡忘得越干净。那些帝王将相当初都曾幻想着自己墓地里面的珠宝玉器,会世世代代、永永远远地伴随着自己,岂不知若干年后也都成了盗墓贼的囊中之物。更何况生前的叱咤风云、是非成败都会随着时间的流逝烟消云散。正所谓是非成败转头空,古今多少事,都付笑谈中。

时间可以让人在对未来的憧憬中抱有更多希望。在校读书的学生,虽觉得现在学习有点紧张劳累,但想到将来能实现自己的理想,就有了更大的动力。在职场上打拼的人,感到疲惫不堪时,一想到将来能够升职加薪,买车买房,拥有自己惬意的小生活,不再有抱怨。父母看到孩子一天天长大,也就坦然面对了当前的忙碌和辛苦,只因有了对孩子美好未来的寄托。于是哪怕当下的生活不尽如人意,但因为有对未来的无限想象,很多人的内心会燃起希望的火种,对未来充满信心。

时间是历史,但历史的长河已经一去不复返;时间是当下,当下你怎么对待时间,时间就会怎么对待你,你不荒废时间，时间就会给你一个充实而又硕果累累的人生。你若蹉跎岁月，时间会让你一无所获，懊悔一生。时间是未来，你若规划合理，践行有度，则未来可期。你若不去规划或毫无头绪，则没有未来可言。因为未来虽未到来，但你当下所做的一切，就是未来的样子。

第六章　强弱

强弱的相互转化是规律，不以人的意志为转移。

人们都希望自己强大，因为强者往往占据生物链的顶端，占尽先机和优势，拥有更多资源。弱者常常处于生物链的底端，属于弱势群体，只能听天由命、任人支配。但刚者易折的道理告诉我们，过于刚强则容易受到伤害，正所谓"木秀于林，风必摧之；堆出于岸，流必湍之；行高于人，众必非之"。

强者往往自恃强大，目中无人，导致最终的失败。正如中午12点钟的太阳最强，但12点过后开始慢慢变弱。最强大之日，往往就是开始转弱之时。二战时期的阿道夫·希特勒闪击波兰，只用短短六个星期打垮英法联军，占领丹麦和挪威，在一连串的"闪电战"中，迅速占领了大半个欧洲。被胜利冲昏了头脑的希特勒，以为自己已经强大到天下无敌时，却在苏德战争中遭遇惨败，敲响了其灭亡的丧钟，最终招致毁灭性的失败，开枪自杀。

刚强与柔弱间，有人选择刚强，有人选择柔弱；选择刚强者大多信奉强者为王、弱肉强食的道理。选择守弱者大都深谙柔弱胜刚强之道。老子说："人生也柔弱，其死也坚强。草木之生也柔脆，其死也枯槁。故坚强者死之徒，柔弱者生之徒。是以兵强则灭，木强则折。强大处下，柔弱处上。"[①] 意思是人活着的时候身体是柔软的，死了以后身体就变得僵硬。草木生长时是柔弱脆软的，死了以后就变得干硬枯槁了。所以坚强的东西属于死亡的一类，柔弱的东西属于生长的一类。因此树木强大了就会遭到砍伐摧折，用兵逞强、穷兵黩武就会遭到灭亡。凡是强大的，总是处于劣势，凡事柔软弱小的，反而居于优势。真正的强大看上去没有什么过人之处，就如水一样平淡无奇，一旦爆发却有排山倒海之势，势不可挡。发生于公元383年的淝水之战，秦王苻坚自恃拥有80万大军，浩浩荡荡一路杀向弱小的东晋，企图一举将其消灭，结果被只有8万军队的东晋打得大败而归，国力也因此衰败。自恃强大者往往陶醉于自己的强大，狂妄傲慢，看不到自身的问题和弱点，忽视对方的潜力和爆发力，在自以为胜券在握时遭遇出乎意料的失败，

---

① 出自《道德经》，岳麓出版社，2016版。

自喜者易骄,骄者易败。

表面的强大往往外强中干,实则不堪一击;内心的强大表面柔软弱小,实则绵里藏针,深藏不露。正如饱满的稻谷之所以弯着腰,低着头是因为成熟了;毛毛草之所以昂着头是因为肚子里是空的。内心强大之人不需要通过外物点缀、哗众取宠来证明自己。三国时期的司马懿亲眼所见恃才放旷的杨修是如何被曹操处死的,所以在朝廷对其疑心防范的时候懂得示弱,选择了"生病",而且"病"得满朝文武没有不相信的。公元249年1月时机成熟时,才展现出其强大。在以曹爽为首的文臣武将倾巢出动陪着年幼的魏帝曹芳去高平陵祭祀,被司马懿看准时机,以迅雷不及掩耳之势发动了政变,为结束魏国的统治和晋朝的建立奠定了坚实的基础。司马懿装病既为自保,免遭迫害,也是为麻痹对手,等待东山再起的最佳时机。正如他诛杀曹爽时说的那句话"我挥剑只有一次,但我磨剑磨了十几年"。诸葛亮自蜀国远道而来,跟司马懿决战于五丈原,因为路途遥远,粮草匮乏,当然希望速战速胜,但粮草富足,地大物多的司马懿却不给诸葛亮这个机会。不管蜀军如何叫阵,魏军就是坚守不出战。当诸葛亮送女人的衣服给司马懿羞辱他胆小如女流之辈时,他手下的将士怒火中烧,纷纷要求出战。司马懿不但不生气,还穿在身上让众人观看,就是闭门不战,最终将急火攻心的诸葛亮熬死在了五丈原。"善猎者必善等待",越王勾践卧薪尝胆,忍辱负重,是在等待最佳时机,时机一到,"三千越甲可吞吴,"一举将吴国打败。示弱不是真弱,而是内心强大的表现;隐忍不是畏缩,更不是无能,而是不鸣则已,一鸣惊人的爆发。很多时候蹲下是为了站得更高。

争强好胜、善于自我表现者通常很难强大,比别人强那么一点点时就开始翘尾巴,炫耀自己的优越。真正的强者懂得谦卑示弱,屈尊下位,从不会给人高高在上的感觉。亦如老子所说"知其雄,守其雌,为天下溪。知其白,守其黑,为天下式。知其荣,守其辱,为天下谷。"战国时期的蔺相如虽然位在廉颇之上,却甘居下位,面对廉颇的挑衅,处处忍让,最终赢得了廉颇的负荆请罪。将相和睦,使赵国得以安定和发展,留下了一段"知其雄,守其雌"的佳话。深知什么是光鲜明亮,却居于暗昧昏黑的地位,甘愿成为天下的范式。晚清名臣曾国藩[①]组建湘军,为朝廷立下不朽之功,却换来皇帝和同僚的猜疑和不安,于是解散了自己用多年心血建立起来的湘

---

① 曾国藩(1811年11月26日—1872年3月12日),中国晚清时期政治家、战略家、文学家、书法家,湘军的创立者和统帅。与李鸿章、左宗棠、张之洞并称"晚清中兴四大名臣"。代表作《曾国藩诫子书》等。

军,也解除了皇帝及同僚的不安,被朝廷重用。这就是"知其白,守其黑"的具体表现。深知什么是荣耀,却安居于屈辱的地位,甘愿做天下的川谷。西汉的宰相萧何深谙"知其荣,守其辱"之道,晚年因为尽职尽责,深得百姓爱戴,引起了刘邦的不安。为了让刘邦放下戒心,故意低价强行购买百姓土地,自污名节,消除了刘邦的猜疑,得以安度晚年。揣着明白装糊涂,收敛锋芒,放弃荣耀,甘居屈辱是大智若愚,大强若弱。

真正的强者,大都低调谦逊,有容言、容事、容人的大度和格局。"容言",允许别人把话说完,是对他人的尊重,更是对自己耐心的考验。面对他人的无理指责和谩骂,心静如水,是自己心胸博大的表现,更是一种人生的格局。不能容他人之言者,极易气大伤身。三国时期的魏军军师王朗在两军对垒时就因为无法容忍诸葛亮的辱骂,栽倒在马下,气绝身亡。可见不能容言,有时候后果很严重。李叔同说:"人之谤我也,与其能辩,不如能容。""容事",既是对他人做错事的理解宽容,也是对自己做错事的总结反省。

所谓"大肚能容天下难容之事",职场上不能容事的结果往往会使一个人失去创新的精神,埋葬掉一个人的聪明才智。教育上不能容事的结果可能会使一个人的潜力发挥不出来,毁掉一个人的前途。德行高尚之人不仅能容事，而且还在这个过程中原谅他人、成全他人。陶行知先生当校长的时候，有一天看到一位男生用砖头砸同学，便将其制止并叫他到校长办公室去。当陶行知回到办公室时，男孩已经等在那里了。陶行知掏出一块糖给这位同学："这是奖励你的，因为你比我先到办公室。"接着又掏出一块糖，说："这也是给你的，我不让你打同学，你立即住手了，说明你尊重我。"男孩将信将疑地接过第二块糖。陶行知说："据我了解，你打同学是因为他欺负女生，说明你很有正义感，我再奖励你一块糖。"这时，男孩感动哭了，说："校长，我错了，同学再不对，我也不能采取这种方式。"陶行知于是又掏出一块糖："你已经认错了，我再奖励你一块。我的糖发完了，我们的谈话也结束了。"作为知名教育家的陶行知并没有凭借其校长的身份在学生面前显示其强势，而是循循善诱，让学生心悦诚服，显示了其容人容事、教育有方的学者风度。"容人"者方能为他人所容，不论是贵者、贱者，富者、贫者，强者、弱者都能容纳。心宽一寸，路宽一丈，心宽似海，方可风平浪静。容言体现出的是修身养性；容事体现出的是心胸豁达，容人体现出的是境界高尚。真正的强者对人尤其是对弱者都有一颗包容之心。

"君子示其短，不示其长；小人示其智，不用其拙"——《守弱学》。君子显示他的短处，不显示他的长处，小人使用他的聪明，不使用他的笨拙。当你的实力隐藏到让别人相信你真的弱时，对方已经输了。司马懿为等待时机可以十年不要所谓的面子；韩信为了自己的鸿鹄之志可以忍受胯下之辱；勾践为了东山再起，可以卧薪尝胆。他们或者为了自保，或者为了保存实力，或者为了顾全大局，处处示弱，结果都笑到了最后。

真正的强者大都胸怀宽广，以大局为重。不计较个人名利，不会因为示弱觉得丢了面子。正是王阳明的示弱，才导致宁王朱宸濠轻敌被活捉。当宁王叛乱被平定后，引起了很多人的嫉妒，他们诬陷王阳明跟宁王合伙被发现后才将宁王捉了。皇上在太监的怂恿下甚至要求王阳明把宁王放了，再由皇帝御驾亲征去捉拿，王阳明深知放虎容易捉虎难，于是把平叛的功劳送给了大太监张勇，自己称病住进了寺庙。在得到好处的张勇斡旋下化解了一场关系国家动荡与平安的危机。深明大义，顾全大局的王阳明展示了一代大儒的宽广胸襟和高风亮节。没有甘于示弱和不争的胸襟，就会在鸡毛蒜皮中争风吃醋，轻则伤及自己，重则影响大局。王阳明说"相下则得益，相上则损"。

强者未必恒强，弱者未必恒弱，二者可以相互转化。强可变为弱，弱亦可转为强，所以强者不必自喜，弱者不必自卑。当代作家金庸先生说："他强由他强，清风拂山岗；他横由他横，明月照大江；他自狠来他自恶，我自一口真气足。"真正的强者能容纳他人的强大，也能正视自己的弱小，知道人外有人，天外有天，见过世面，经历过风雨，懂得江湖险恶，人心难测，常常选择隐忍示弱，深藏不露。自恃强大者往往不知道天高地厚，总是喜欢逞一时之勇，一时之气，一时之快感，企图以此来证明自己不是弱者，却常常被碰得头破血流。

强者守弱，则强者恒强；弱者守弱，则由弱变强。萧伯纳说："自我控制是最强者的本能。"不管多么强大，不懂守弱之道，不懂收敛和控制，终将转弱，陷于失败。不管多么弱小，只要自强不息，增益其所不能，终究会在日积月累中变得强大。

第七章 情绪

有意控制情绪是术,自身修养是道。

有人的地方就有江湖,有江湖的地方就有恩怨情仇,而恩怨情仇大多起源于情绪。情绪,在普通人眼里分为可以控制和控制不了,在修养至极高境界的人眼里,就没有情绪。有人说不会生气是傻子,不去生气是境界。也许这极高境界的人就是普通人眼里的傻子。

《庄子外篇·达生》记载:纪渻子为宣王饲养斗鸡。十天后,宣王问道:"鸡训练完毕了吗?"纪渻子说:"还不行,它正凭着一股血气而骄傲。"过了十日,宣王又问训练好了没有。纪渻子说:"还不行,仍然对别的鸡的啼叫和接近有所反应。"再过十天,宣王又问,纪渻子说:"还不行,仍然气势汹汹地看着对方。"又过了十天,宣王又问。纪渻子说:"差不多了,即使别的鸡叫,它已经没有任何反应了。"宣王去看斗鸡的情况,果然就像木头鸡了,可是它的精神全凝聚在内，别的鸡没有敢应战的，看见它转身逃走了。

这只鸡从刚开始的一有风吹草动就高度警觉，疑神疑鬼，到看见其他鸡时的盛气凌人，跃跃欲试；到最后听闻其他鸡的嬉笑怒骂都无动于衷，呆若木鸡，已经没有了任何情绪可言。

人也是如此，心胸狭隘者因为别人的一句话一个眼神就会心神不安，情绪失衡；脾气暴躁者因为一些鸡毛蒜皮的小事，就会火冒三丈，引爆情绪。修养高深者面对他人的无礼和挑衅心如止水，泰然自若，已经不存在任何情绪。不可否认，情绪极难控制，否则就没有"怒发冲冠，怒不可遏"等词语了。拿破仑曾说："能控制好自己情绪的人，比能拿下一座城池的将军更伟大。"自古以来一些善于隐忍的人为了避免情绪爆发，采取了许多行之有效的方法来控制自己。相传有一个叫爱地巴的人，每次生气和人争执的时候，就以很快的速度跑回家去，绕着自己的房子和土地跑三圈，然后坐在田地边喘气。

他的孙子问他："阿公，您为什么一生气就围着房子和土地跑啊？"爱地巴说："年轻时跟人吵架、争论、生气，就绕着房子和土地跑，边跑边想，我的房子这么小，土地这么少，哪有时间跟人家生气，一想到这里，气就消了。年老后，有时候也会生气，还是绕着房子和土地跑，边跑边想,我的房子这么大,土地这么多,又何必跟人计较?一想到这,气就消了。"林则徐在广州禁烟时将"制怒"两个字挂在墙上,提醒自己不要发怒。因为人一旦控制不了自己的情绪,就会成为情绪的奴隶。轻则生气伤身,影响身心健康;重则大动干戈,大打出手,或者受到伤害,或者伤害到别人,惹上官司,甚至丢掉性命。所谓"忍一时风平浪静,退一步海阔天空"就是对易怒易暴者的善意提醒。

当情绪坏到极致就是气急败坏,极容易将手里的一手好牌打烂。有个故事,说的是一个人偶然得了把紫砂壶,非常喜欢。睡觉时,他把紫砂壶放到床头的小柜子上,梦里一个翻身,不慎将紫砂壶的盖子打落。被惊醒后,他既心疼又气急败坏,没有了盖子的紫砂壶还有什么用处?于是一甩手将茶壶丢到了窗外。第二天早晨起床,却发现茶壶盖子好好地落在拖鞋上。想起已经丢到窗外的茶壶,他又悔又恼,飞起一脚把盖子踩碎!吃完早饭,扛着锄头出工,一眼看见窗外的石榴树上,那把没盖子的茶壶,正完好无损地挂在树杈上。情绪越失控,越容易失去理智;越失去理智,越容易气急败坏。一旦气急败坏,就容易做出事后连自己也不敢相信的、后悔不已的事情来。

人之所以易怒,管理不了自己的情绪,一种情况是

思考篇

心胸狭窄，小肚鸡肠，别人无意间的言行，就认为是对自己的冒犯，日常生活中总是为鸡毛蒜皮的小事怄气甚至大动肝火。第二种情况就是好为人师者，总喜欢将自己的价值观强加在别人身上，看到别人跟自己的意见、观点不一致就不高兴、就生气，就想去说服别人，改变别人，改变不了别人时就有了情绪。自以为无所不知恰恰是一无所知的表现。不懂"江山易改，本性难移"的道理。老虎生活在山里，鱼儿生活在水里，这是其本性。每个人都是环境的产物，不同的环境，就会有不同的习性和思想。试图去改变一个人是愚蠢的，你把对方改变了，对方痛苦；你改变不了对方，你痛苦。因为基因里的东西是很难改变的。巴菲特说："我不会花一秒钟去改变任何一个人，除非他自己一定要改变！"

国学大师南怀瑾说："上等人，有本事没脾气；中等人，有本事有脾气；末等人没本事，脾气大。"越无知越没本事的人，越喜欢挑别人的毛病，因为受制于自己的认知水平。这类人虽没什么本事，但脾气大得很，常常惹祸端。生活中有这样一种人，遇到对外界的不满时，立刻将负面情绪投射到别人身上。这种负面情绪爆满的人被称为"垃圾人"，其特点是：一点小事就火冒三丈，控制不住情绪；总是在无关紧要的琐事中计较，进而找碴闹事；看谁都不顺眼，容易被某些话、某些现象激怒；对满世界的人都感到不满，一言不合就翻脸。这样的人心里装满了垃圾，总想找个地方倾倒。如果不小心陷入了跟垃圾人的纠缠中，就会沾上一身垃圾，一身晦气，也会连累到工作、家庭、朋友等跟自己亲近的人。因此遇到这样的垃圾人尽量躲远点，不要跟他们计较。可现实中却偏偏就有这种跟垃圾人较真，导致受伤乃至死亡的事件。一对情侣晚上在餐馆吃饭，漂亮女友被隔壁桌醉汉吹口哨。男友说："反正吃完了，咱走吧。"女友说："你怎么这么怂啊，是不是男人？"男友说："犯不上跟流氓较劲。"女友急了，骂完男友又过去骂那群醉汉。结果醉汉围上来开打，男友被捅三刀，在医院抢救无效死亡。临死前问了女友一句话："我现在算男人了吗？"

　　远离垃圾人不是懦弱，而是避免引火烧身，是智慧的表现。有个人在正常的车道上行驶，突然一辆黑色轿车从停车位开出，正好挡在前面。他立即踩刹车，车子滑行了一小段路，两车差一点就撞在一起，车上的司机对着他凶狠地大喊大叫，他只是笑着对那个司机挥了挥手就走了。事后有人问他，明明是对方的过错，为什么这么做。他说："这就是生活中的垃圾人，浑身上下都是负能量，正找地方发泄，你若计较，正好就成了他发泄的垃圾桶，玷污了自己。远离他们，继续走自己的路就好。假如被疯狗咬了一口，难道还要趴下去咬它一口吗？"

不与烂人纠缠，不陷在烂事里，就不会影响自己的情绪，就能有一个好的心情。

　　修养良好之人会时常提醒自己，那些认知低、素质差的人只是"巨婴"，跟婴儿计较争论，除了拉低自己的智商、自讨苦吃外，没有任何意义。"兽中之王"老虎何等厉害，尚且懂得不跟垃圾动物一般见识。老虎看见一条疯狗，赶紧躲开了。小老虎说："爸爸，你敢和狮子拼斗，与猎豹争雄，却躲避一条疯狗，多丢人啊！"老虎问："孩子，打败一条疯狗光荣吗？"小老虎摇摇头。"让疯狗咬一口倒霉不？"小老虎点点头。"既然如此，咱干吗要去招惹一条疯狗呢？"跟那些没有素质的人争论，是对自己智商的侮辱，会显得自己更没有素质。宁跟明白人吵架，不跟糊涂人说话；跟糊涂人说话，会越说越糊涂；跟傻子论长短，最后也搞不清谁是傻子了。两个人在街上争论，一个说三七二十八，一个说三七二十一，争执不下，去衙门找县太爷评理。县太爷听后放走了那个说三七二十八的人，打了那个说三七二十一的人十大板子。此人不服。县太爷说："他都三七二十八了，你还跟这种糊涂人辩论，说明你更糊涂，不打你打谁。"要争论就要跟相同层次的人争论。庄子与惠子，朱熹与陆九渊不仅在争论中增加了彼此的学识，提高了自己的境界，还成了彼此欣赏和要好的朋友。

古人为避免情绪发作，常常把忍看作是一种修养，一种美德。寒山问拾得："世间有人谤我、欺我、辱我、笑我、轻我、贱我、骗我，如何处治乎？"

拾得曰："只是忍他、让他、由他、避他、耐他、敬他、不要理他，再待几年你且看他。"再待几年，你且看他。

一种情况可能是他已经为自己的疯狂付出了代价；另一种情况是你的修为已经上升到了更高的境界，再看他的疯狂就跟笑话一样了。因此面对他人的无端指责和欺凌，觉得自己的尊严受到了侵犯和侮辱，咽不下这口气时，大可不必针锋相对、以牙还牙。时间是最好的报应，正所谓"善有善报，恶有恶报；不是不报，时辰未到"。

情绪的产生 90% 是由我们对事情做出的反应决定的，事情本身只占 10%。因此伤害我们的，有时并不是事情本身，而是源于我们对于事情的看法。《庄子》中有这样一则故事，大意是这样：在一个烟雾弥漫的早晨，有一个人划着船逆流而上。突然之间，他看见一只小船顺流直冲向他。眼看小船就要撞上他的船，他高声大叫："小心！小心！"但船还是直接撞了上来，他的船几乎要沉了。于是他暴跳如雷，开始向对方怒吼，且口无遮拦地谩骂。但是当他仔细一瞧，发现是条空船，于是气也就消了。如果不小心被楼上的人洒了一身水，很可能大声叫喊，甚至大骂。如果忽然下雨被淋湿，哪怕是个脾气不好的人，也不会大发雷霆。虽然结果是一样的，就是衣服都被淋湿，但对造成这一结果的原因和态度却迥然不同。很多事情本身的是非曲直并不会导致情绪的失控，让情绪失控的是我们的态度。加强自身修养，改变自身态度，很多悲剧性的事件就可以避免。书本华说："因别人的行动而愤怒，就如同跟挡在路上的石头生气一样。"

据说有200多种疾病跟坏情绪有关，在所有患病人群中，70%以上都和情绪有关。俄国作家托尔斯泰说："愤怒对别人有害，但愤怒时受害最深者还是他本人。"因此必须远离容易滋生坏情绪的几种行为。跟过去和解，跟自己和解，如果始终生活在过去的阴影里，会将自己的身体乃至精神拖垮。鲁迅笔下的祥林嫂逢人便说自己的儿子阿毛被狼吃掉的故事，后来全镇的人们都能背诵她的话。不仅沦为了大家的笑柄，自己最终也在无法自拔的悲痛中忧郁而死。

现实中如何避免情绪的起起落落？不对他人的期望值太高，希望越大，失望越大，心理落差就越大，随之而来的就是不满的情绪。不轻易答应别人自己做不到的事，倘若碍于情面，勉强答应了，日后没能做到或做好，会导致对方有情绪，得不偿失。给予别人的恩惠或帮助必须是心甘情愿、不企图获得回报的。倘若以获得他人的回报为目的，一旦日后得不到回报时就会有情绪，心理不平衡，甚至会觉得对方是一个忘恩负义的人。比如甲在乙有困难时帮助了乙，乙在甲有困难时没有提供帮助，甲对乙就有了意见。甲结婚时乙随了礼，乙结婚时甲没随礼，乙对甲就有了不满情绪。

会管理自己情绪的人大多心胸宽广，与人为善，遇事总能大事化小，小事化了，将情绪消灭在萌芽中，基本上没有什么事会让他产生情绪。清代康熙年间，桐城境内有一桩脍炙人口的民间故事。大学士张英的府邸与吴姓相邻。吴姓盖房欲占张家隙地，双方发生纠纷，告到县衙。因两家都是高官望族，县官欲偏袒相府，又难以定夺，连称凭相爷做主。相府家人遂驰书京都，张英阅罢，立即批诗寄回，诗曰："千里家书只为墙，让他三尺又何妨。万里长城今犹在，不见当年秦始皇。"家人得诗，旋即拆让三尺，吴姓深为感动，也连让出三尺，于是便形成了一条六尺宽的巷道，留下了一段佳话。

没有情绪的人并不是三观完全一致，而是彼此懂得尊重对方。法国启蒙思想家伏尔泰说："我不同意你说的话，但誓死捍卫你说话的权利。"可以不认可，但要尊重彼此的不同。德国哲学家康德说："我尊敬任何一个独立的灵魂，虽然有些我并不认可，但我可以尽可能地去理解。"每个人都有自己的性格特点，自己的生活方式。接受他人的不一样，是高级修养的变现。正因为鲜花的不同颜色,才有了万紫千红的大自然;正因为有了不同肤色、不同语言、不同习俗的多民族人类,才有了丰富多彩的大千世界。

情绪源于一个人的心态,心态源于一个人的修养。一味地隐忍控制情绪,只能使情绪暂时不爆发,但会严重压抑心情,影响身心健康,因此刻意控制情绪只是术。当修养至极高境界时,外物很难影响其情绪。不管是面对变化无常的世事,还是面对吹毛求疵、不可理喻之人都会心如止水,波澜不惊,因此提高并加强自身修养才是道。

第八章　虚荣

虚荣是人的本能,更是人性的弱点。

人们平时说的虚荣通常指的是表面上的荣耀,是一种追求虚表的性格缺陷。虚荣心强的人不是通过加强自身的修养来提高内涵,更不是通过自身能力彰显实力,而是花大量的时间去装扮自己的外表,追慕浮华,掩饰心理上的缺陷。

叔本华说:"人性一个最特别的弱点就是在意别人如何看待自己。"法国批判现实主义作家莫泊桑在《项链》中写了一个极度虚荣的女人马蒂尔德,在这里简单概述一下:她虽然一无所有却爱慕虚荣。期待着被人羡慕和追求。为了参加丈夫单位的一个晚会,她用丈夫的全部积蓄做了一件漂亮的裙子,去朋友家里借了一串高贵华美的项链。晚会上,她沉醉在自己的舞姿上、美貌上和别人投来的羡慕的目光上。虚荣心得到了极大的满足。但回到家时才发现借来的项链丢了。她东挪西借买了个新项链还给了朋友。但为了还清这笔巨款她不得不做家务，做粗活，常常为了一个铜圆跟小商贩讨价还价，最终变成了一个俗气耐苦的女人。历经十年的艰辛劳动，终于还清了这笔巨款，尽管事后证明她当初借来的只是一个不值钱的假项链，归还的是一个货真价实的贵重的真项链，但一次虚荣心让她付出了十年的巨大代价。当一个人没有炫耀的资本却出于虚荣心而刻意去炫耀时，付出代价就成了一种必然。

虚荣是物质匮乏者和精神匮乏者的最爱，因为没有真正的实力可以展现，只能借助外表的虚幻来满足一时的风光，瞬间的风光过后，依然是一地鸡毛。这也就不难理解有的人侥幸中个彩票大奖或者因为拆迁政策得到一大笔补偿款后戴大金链子、买豪车，一阵显摆过后，又回到了从前的穷苦生活。有钱的穷人摆脱不了人性的虚荣，也就摆脱不了依然贫穷的命运，贪婪成性的人终究也摆脱不了内心的贫穷，表面的富有掩盖不了精神的贫乏。只有真实的才华和内心的富有才会显示出真正的实力。

《颜氏家训》说："上士忘名，中士立名，下士窃名。"意思是品德优良者淡泊名声，敬畏名声，忘记名声。普通人中规中矩、谨言慎行，凭自己的实力为自己赢得名声。贪图虚荣者虽无实力却爱慕虚荣，只能弄虚作假，刻意为之，往往被名声所累，甚至被这种虚荣所害。一个《孔雀爱尾》的故事颇发人深思：一只雄孔雀的长尾闪耀着金黄和青翠的颜色，美丽异常。孔雀很是爱惜，不管在哪里栖息，总是先选择搁置尾巴的地方。一天下雨，打湿了它的尾巴，捕鸟人已经开始向它靠近，可它还是回顾着自己美丽的长尾，不肯离去，最终被捉住了。明朝有个叫张允怀的人擅长绘画，但虚荣心很强。一次乘船出游，将家里的各种珍贵器皿带到船上，以显示自己的富有，并借着月光在船上自斟自饮。不料被一伙歹徒看到后抢走了他所有的珍贵器皿并将他杀死，天亮后歹徒们才发现那些闪着金光的器皿原来是铜做的，只是涂了一层金漆而已。这类悲剧发生的根源在于虚荣心作祟，常常在自我陶醉的虚幻中将自身置于危险中，可见渗入到骨子里的虚荣是多么可怕，多么愚昧！现实中因爱慕虚荣以生命为代价的事也时有发生。有的女孩为了追赶所谓的潮流，往往不顾自身经济条件。为了买个名牌包包，买套高档化妆品，过度超前消费，不惜去借钱、贷款甚至高利贷，导致不能按时偿还欠款，酿出了不该发生的悲剧。还有些人为了有一个所谓的魔鬼身材、明星脸，冒险去整容，去抽脂，不仅没有达到目的，有的甚至不幸死在了整形医院的手术台上。与其说这类悲剧是源于爱美之心，不如说是源于虚荣心。潮流之风天天刮，美的标准年年变，但身体只有一个，生命只有一次，是经不住折腾的。倘若沉浸于其中，不得不说是人生的悲哀。

爱慕虚荣的人具有强烈的嫉妒心，更有甚者为了伤害对方，宁愿先伤害自己。有一个人遇见上帝。上帝说："现在我可以满足你任何一个愿望，但前提是你的邻居须得到双份的报酬。"那个人听了很高兴，但转念一想，如果我得到一份田产，我的邻居就会得到两份；我要一箱金子，我的邻居就会得到两箱……他思来想去，为了让邻居失去更多，宁愿自己先失去，于是咬紧牙说："你挖我一只眼珠吧。"因为他实在不甘心被邻居白占便宜。自己不好，也不能容忍别人好，自己得不到，也不让别人得到是一种源于虚荣心又超越虚荣心的极端自私狭隘的阴暗心理。现实中这种人大都有很强的自我表现欲，会非常看重别人对自己的评价，几乎将别人的评价看作了自己生活的全部。当发现自己在容貌、才能、名誉、地位及其他方面不如别人或被别人超越时，会产生一种自卑、怨恨甚至愤怒的情绪。可悲的是这种人不是通过提高自身能力、加强自身修养来超越别人，赢得尊重，而是通过压制别人、陷害别人，有意无意地给别人使绊子，甚至不择手段欲除之而后快。楚国大夫屈原因才华出众多次遭权贵嫉妒而被流放，无法施展抱负。著名军事家孙膑被同学庞涓嫉妒，被庞涓诓骗到魏国，剜掉了膝盖骨，造成了终生的残疾。三国时的周瑜嫉妒诸葛亮的军事才能，多次加害未果，最终在"既生瑜，何生亮"的哀叹中葬送了自己年轻的生命。嫉妒是一柄双刃剑，最终的结果往往是害人害己。

现代人时常感到莫名其妙的累，生存上的压力只是其中一部分的原因，更多的是因为攀比心，将自己的生活置于了跟别人的攀比中。攀比心实则源于虚荣心。虽然自己已经可以衣食无忧了，但看到别人穿名牌、食山珍海味，就不淡定了；虽然已经有车有房了，但看到别人开豪车、住豪宅，就吃醋了。看到别人过得比自己好，心理就不平衡的现象，本质上就是虚荣心在作祟。这类人的幸福感不是建立在对自身价值的追求上，而是跟别人的攀比上。比别人强时，虚荣心得到满足，满大街嘚瑟，优越感爆满；不如别人时，面子上挂不住，表面冷嘲热讽，内心羡慕、嫉妒、恨。每天都在攀比中患得患失、焦虑不安，怎能不累！以别人的标准来衡量自己的幸福，把自己的喜怒哀乐建立在别人的眼光中，把自己的追求建立在别人的评判上，是人生的莫大悲哀。虚荣的人说到底就是不愿意接受真实的自己，一个连自己都不能接受的人又怎么能让别人接受，赢得别人的尊重？又何谈遵从内心、活出自我。

爱慕虚荣的人唯一获得心理满足的就是那颗脆弱而敏感的玻璃心,只会接受他人的溢美之词,根本无法容纳别人的坦诚相待和良苦用心。尽管这种坦诚和用心是善意的、是顾全大局符合其根本利益的,但因为触碰到了他的虚荣,影响到了他在人前的所谓面子和尊严,可能会引来他的自卑和敌意,甚至是恼羞成怒。如果这种情况发生在普通人之间,可能会导致彼此反目,不再往来。如果触碰到了位高权重之人的虚荣心,则可能会引来麻烦,甚至是杀身之祸。夏朝忠臣关龙逢因劝谏夏桀改恶从善被杀死,商朝大臣比干为民请命被商纣王挖心,春秋时期吴国大臣伍子胥因苦劝吴王夫差不要急于冒进被杀害。他们都是在直言劝谏中触碰了帝王的虚荣心惨遭杀害。日常生活中应尽量避免触碰位高权重之人或者顶头上司的虚荣心,因为后果很严重。

爱慕虚荣的人内心是贫乏的,为了掩饰这种贫乏,只能通过外在的粉饰来满足自己的虚荣心。哲学家波普说:"每一个人的虚荣是和他的愚蠢程度相等的。"就如同一双穿在脚上好看却不合适的鞋子,虽然可能会受到他人的赞美,却不得不忍受着脚被磨出血的疼痛。现实中那些为了所谓的面子贷款买豪车却又为每月的车贷而发愁的人,那些为了赢得他人的羡慕或赞美而不得不忍受身体或心理痛苦的人，全然不顾及内心的真实感受，最终导致害人害己，世人不得不加以提防。靠弄虚作假换来他人一时羡慕的眼光，只是美丽的肥皂泡，很快就会破灭。莎士比亚说："爱好虚荣的人，用一件富丽的外衣掩盖着一件丑陋的内衣。"即便被别人夸耀几句，也无法消除内心的窘迫感，还会为他人所不齿。可见虚荣其实是一件很无聊的事。

真正实力强大、内心富有的人注重里子。他们只会把时间和精力用在自己热爱的事业上。学识渊博、才华出众的钱钟书从来不愿抛头露面来炫耀自己。一次有位记者要采访他，他委婉地拒绝说："假如你吃了一个鸡蛋，觉得味道不错，何必要去认识那只下蛋的母鸡呢？"现实中那些智慧不凡、涵养高深的人大多低调谦卑，根本不会通过包装炫耀，通过外界的眼光和语言来证明自己的强大和富有，就如那些衣着朴素、生活简单的圣贤名士，那些身价不菲却依旧挤公交、打出租的企业家，那些不留姓名、默默地做着慈善的爱心人士。哲学家培根说："虚荣的人为智者所轻蔑，愚者所贪腐，阿谀者所崇拜，而为自己的虚荣所奴役。"

良好的内心修养和高尚情操是控制虚荣的根本之道。赢得他人的尊重，靠的是美德、才能、实力等。屈原说："善不由外来兮，名不可虚作。"意思是美德无法向他人索取，美名不可能虚假造作。空麻袋立不起来。只有对自己有一个清晰的定位，接纳真实的自己，正视自身的不足，用知识和智慧丰富自己的大脑，加强自身修养，提高认知水平，凭自己的努力和能力打造出自己想要的生活，才能获得底气、自信和内心的充实，活出自己的精彩，赢得世人的尊重。

第九章 恐惧

悟透了生死，便没有了恐惧。

恐惧一方面来源于人类本身，担心身体患上各类疾病，害怕不可避免的死亡，也就是人们口中常说的生老病死。另一方面来源于外界的各种不可预测的风险，所谓"天有不测风云，人有旦夕祸福"。即人们常说的明天和意外不知道哪一个先来。

平时身体没什么问题、家庭事业等各方面都顺利的时候，人们往往感觉不到恐惧。只有患上了某类疾病，特别是癌症之类的疾病时会显得特别恐惧。因为这类疾病的治愈率很低，一旦患了这样的病，不仅恐惧，也很绝望。对于外界无处不在的风险，人们平时似乎也不太在意，只有风险发生后，才开始变得小心谨慎起来。

对于突发的、不可预测的事人们称之为"黑天鹅"事件。塔勒布在《黑天鹅》一书中说："黑天鹅代表不可预测的重大稀有事件，它们常常带来意料之外的重大冲击。但人们总是视而不见,并习惯于以自己有限的生活经验和不堪一击的信念来解释它们,最终被现实击溃。"

当我们适应了事物的普遍性,习惯了按部就班的正常生活,就容易忽视事物的特殊性,也就是看上去不可能的事情。如突发的地震、海啸、洪水、飞机失事等灾难性的事件。因为是突发,常常让人始料不及,对人类的生命财产造成巨大的破坏。也许我们能做的就是跳出常规思维,对看上去不可能、小概率事件有所预测,并进行适当地预防,像保险公司那样具有风险意识,才有可能防患于未然。

因为是小概率事件,只需适当防范就可以了,不必搞得太过紧张。如果长时间处于高度紧张状态,会妨碍自己的日常生活,严重者会导致自己的精神崩溃。俄国作家契诃夫在《装在套子里的人》中说的别里科夫就是一个紧张恐惧到神经质的人物:"他白天把自己藏在竖起的衣领里,害怕现实生活刺激他、惊吓他。晚上就把脑袋藏在被子里,生怕会出什么事,战战兢兢,通宵做噩梦。"如果恐惧到这个程度,就不用外出了,因为不管是乘坐飞机、轮船,还是火车、汽车,都有发生潜在风险的可能性,那还怎么出行?恐怕都不敢过马路了,来来往往的车辆也存在着风险。有安全意识是必要的,但太过恐惧则没必要。这里面有一个适当的度,把握好度最关键。

有的恐惧是因为过去受到过伤害,长期陷在里面,一直走不出曾经恐惧的影子。或许是伤害太深,致使无法自拔。所谓一朝被蛇咬,十年怕井绳,因噎废食等。不能因为吃饭被噎过,就觉得吃饭不安全,甚至恐惧。克服这类恐惧的办法就是将自己的时间和精力转移到其他的事情上。

有的恐惧是对尚未发生之事的提前担忧。如孩子以后找不到工作怎么办,结婚买房子钱不够怎么办,孩子在外地或者国外工作,自己年纪大了没人照顾怎么办,没钱养老怎么办……总是为这些还未发生的事担忧、恐惧、寝食不安。长期持有这种心态,就不会有心安的那一天。与其天天担忧,还不如提早做些准备,提早行动,既转移了自己的思虑,充实了自己,又向实质性地解决这些问题靠近了一步。

有的恐惧来自一些永远没法求证的事,如对鬼神的恐惧。人们看到一棵树或者一些木材不会有什么联想,但如果这些木材制作的野兽涂上些颜色弄成龇牙咧嘴的模样立在那里,就会让人感到恐惧。人们不会害怕一块石头,但却对由这块石头雕刻的鬼神模样感到害怕。这种恐惧感还常常表现在一个人晚上路过坟地的时候会感到浑身起鸡皮疙瘩,汗毛都有竖起来的感觉。如果不知道一堆土下面埋着已故之人，只是一堆土的话，就不会有这种恐惧感，主要是心理因素的作用。当然对无神论者来说就没有这种恐惧，因为那些面目可怕的鬼神塑像在他们眼里，可能只是一件件工艺品而已。

极度的恐惧会成为压倒心理脆弱之人的最后一根稻草。据说有人做过这样一个试验：将一个人的眼睛用布蒙起来，然后再将其捆绑起来，使其不能动弹，用刀片的背部划一下他的大动脉，当然没有划破，然后打开附近的水管，滴答的水流声如同血流出的声音。十分钟后告诉此人："你的血已经流了五分之二。"此人脸色煞白；二十分钟后告诉他："你的血只剩五分之一了。"此人大小便失禁；二十八分钟后，此人死去。现实中有的人体检时查出癌症，当场吓瘫，回去后几个月便死了，这种死亡并非癌症所致，而是内心承受不了巨大的恐惧被吓死的，可见内心强大还是脆弱直接影响一个人对于恐惧的抵抗程度。

还有一种引起恐惧的风险，可以确定某件事会发生，但不能确定何时发生，有人将这类风险称之为"灰犀牛"。人们的懈怠之处在于虽然感到这类事件可怕，但因为还没发生，所以就装作不会发生，常常视而不见。米歇尔·沃克说："当面对一头即将发起进攻的犀牛时，一动不动绝不是最佳选择。然而不幸的是，实际情况往往是这样的，人们真的就会一动不动。危险的到来很少是出其不意的，总是事前发出各种各样的警示信息，让人识别，做好防范准备。可惜的是，这一次次的机会，都被错过了。于是真正的危险随之就来了。一动不动，僵在当场，是人的一种普遍本能，很难克服。"①

对于"灰犀牛"事件，最好提前采取行动，制定一个计划，按照这个计划去应对。如果这样做了，风险真的发生时就会大大减少恐惧感，最起码不会手足无措，因为已经对此有所准备。深思熟虑后做出的决定，跟危险迫近时做出的决定会产生截然不同的结果，因为危险越近，可供选择的方案就越少。运筹帷幄胜过临阵磨枪，否则当危险真正降临时会措手不及。平时有准备的应对可能只需付出极小的代价，如果是临时仓促上阵，慌忙应战，恐怕会造成巨大的损失。最为有效的办法就是预测到可能的危险后就能有个大概的判断并进入到准备和行动中。对于能从蛛丝马迹中预测到危险可能会发生，但却不采取任何行动的人来说是毫无意义的；对于不能预测，但却能随时做好准备的人来说，就不会受到伤害或者说损失很小。

---

① 米歇尔·渥克. 灰犀牛：如何应对大概率危机[M]. 北京：中信出版社，2017.11.

思考篇

如何放下内心的恐惧？瑜伽大师萨古鲁说："一个人只有超越自己的头脑和身体的局限去感知自己，它才能真正地摆脱不安和恐惧。只要你将自己认同于这个身体，只要你将生活经历局限于自己头脑的理解和身体的官能，恐惧和不安就在所难免。不同的人可能有不同的恐惧和不安。今天，你要是过得还不错，可能会忘记自己的不安。而明天，你若过得很不顺，就会唤醒这种不安，因为它一直跟随着你。一个人只有超越自己的头脑和身体的局限去感知自己，他才能真正地摆脱不安和恐惧。"

恐惧可以说是一种长期以来受历史文化以及现实生活中耳濡目染的心理反应，也可以是现实生活中遭受过伤害长久以来留下的心理阴影，还是对现实世界不可预测的随时都有可能发生的意外事件的担忧。对于有着七情六欲，喜怒哀乐，感情丰富的人类来说也算正常。关键是如何去克服和应对。对于无法求证的、毫无由来的心理恐惧，可以通过阅读，特别是关于自然科学方面的书籍来充实自己的知识，加深关于对大自然及宇宙的认识，可以消除或者减少这类心理恐惧。关于对生老病死的恐惧，只需摆正心态即可，不论高低贵贱，富贵贫穷，只要是人都避免不了，其实这一点对每一个人来说算是公平的。关于对意外事件的恐惧，我们无法预测，但可以做好准备。尽量减少或者不从事可能发生高风险的事情或活动，以降低风险发生的概率，所谓"君子不立危墙之下"。对确定发生但尚未发生的恐惧事情，越早着手准备和行动越有利。准备越充分，行动越快，恐惧感越少，付出的代价也越小。

　　恐惧的产生本质上跟一个人的认知程度密切相关。当一个人始终徘徊在低层次的认知里，每日都沉湎于身体的感官和琐碎事务里的时候，就会特别敏感，甚至有点神经质。一有个头疼脑热、感冒咳嗽就担心身体出了问题，紧张忧愁，开始求医问药。一遇到个芝麻大小的事就看得比西瓜还大，吃不下饭，睡不着觉，担心灾祸降临。今天害怕发生这个事，明天担心发生那个事，没有一刻不焦虑，总是杞人忧天，长此以往，恐惧会一个接一个产生，内心永无安宁之日。对于极为有限的、短暂的生命来说是可悲的、不值得的。当一个人的认知水平达到一定高度，超越了身体和感官，明白了不管是生老病死，还是旦夕祸福，最终的归宿都是死亡，只是早几年晚几年的问题，一切终将归于沉寂时，就会跳出患得患失的恐惧。"知身不是我，烦恼更何侵？"知道自己的身体都不属于自己所有，还有什么烦恼和恐惧可以侵害呢？当对生老病死有了这种认知高度的时候，其他的恐惧更是微不足道，甚至可以忽略不计。

　　如此想来，还有什么可恐惧的呢！

思考篇

第十章　着相

着相是因为没有顿悟，没有看到生命尽头，那一缕随风消失的青烟和终将无法带走的功名利禄。

着相是一个佛教术语，意思是执着于外相、虚相或个体意识偏离了本质。"相"指某一事物在我们脑中形成的认识，或称概念。它可以分为有形的，即可见的和无形的，即意识。

我们看到表面精美的陶瓷制品，本质是黏土加工而成，之所以价格昂贵，是因为人们执着于外相并加上了人为心理的成分。若要看清其本质，必须剥离人们言辞掩盖下的外衣，使其裸露出来，才知道其虚夸价值背后的实际价值。人们看到股市里面股票的涨跌，表面是价格的波动，实质是人们内心的贪婪或恐惧引起的心理波动的反映。若要发现曲线波动背后的本质，必须知晓人性。人们对神灵的朝拜、祈祷，表面是对神灵的虔诚和崇拜，实质是为了满足自己祈福消灾的私欲，对自己内心的安慰和精神寄托。不管是看得见的、有形的或者是看不见的、无形的，一旦着相，就会非常执着，而不再透过表象去发现本质，去深度思考它的真正价值。

我们在观看足球或拳击赛等比赛活动时，不要让自己的情感介入任何一方的阵营，否则，就容易着相。一旦情感介入的一方输了，就会感到沮丧，忽视了观看比赛的目的，娱乐而已。日常生活中人与人之间的娱乐活动，不过是为了增加精神的愉悦感，可一旦着相，就会违背了这个初衷。曾经有个朋友在打扑克时，就因为一张牌的事情，跟牌友发生争执，将牌友打伤住进了医院，这位朋友就着相了，因为他忘记了打扑克的本质只是丰富自己的业余生活，为了开心而已。

只有破除执念，方可走出虚幻，发现真相。如水中的月亮看上去跟天上的月亮一样，却是虚的，不存在的，倘若试图将其捞上来，就着相了，就成了"猴子捞月"。水中的筷子看上去是弯的，实际上却是直的。众生心念执着，总想着发财致富，出人头地，难免沉浸在虚幻的梦境里，就会把功名利禄等水中的月亮看作是真实的月亮。清朝乾隆年间的和珅在位期间所聚敛的财富，超过了清朝政府十五年财政收入的总和。他以为这些财产是属于他个人的，乃至可以祖祖辈辈享用。不知道自己着

思考篇

了相,这些财产只是暂时归他保管而已。嘉庆皇帝即位后就收归国有了。在这一点上,日本的"经营之神"稻盛和夫就有着非常清醒的认识,他创办的两家公司都在他有生之年进入了世界500强,拥有巨额财富。但他并没有去追求奢侈,让自己腐化堕落。他说,我得到的财富,是社会委托给稻盛和夫这个人保管的,应该尽早归还给社会。

"凡有所相,皆是虚妄。"意思是一切你所能看见的事物外表,都是虚假的,不真实的。如果能守住本心,不被事物的表象所迷惑,看透事物表象背后的本质,就顿悟了。事实上普通人很难做到这一点,因为总是被根深蒂固的人性私欲所影响,不仅陷入无尽的外物追求中无法自拔,还总是在攀比、嫉妒、怨恨、纠结,在荣辱得失中患得患失,无法明心见性,自然也就看不到事物的本质。

着相是我执的表现,不能破除我执,就容易着相。瓦伦达是美国著名的钢索表演艺术家,有次演出时被告知台下观众都是全美知名人士。他心想一定表演好,为自己赢得荣誉。结果在演出时从十米高空中摔了下来,当场死亡。他的妻子后来说:"我知道这次一定要出事。演出前他总是不停地说这次表演太重要了,不能失败。以前每次成功的表演,他只想着走好钢丝这一件事本身,根本不去管这件事本身可能带来的一切，如果这次他也能做到不去想这么多走钢丝之外的事情，以他的经验和技能，应该不会出事。"他的瞻前顾后，患得患失源于被虚荣心着了相。现实中很多人，特别是一些脆弱的女人被情所困，因为离婚或丈夫的背叛而痛苦万分，走上了自杀之路，是被情着了相。有的人欲望无度，在追逐钱财的过程中身心疲惫，导致过劳死，是被财着了相。有的人为了往上爬，得到更高的职位，欺上瞒下，贪污腐化，最终违法犯罪，断送了前程，是被官瘾着了相。被什么着相就会成为什么的奴隶，并最终迷失在其中。

为什么不要着相？着相就是当真，谁当真谁痛苦。一切相都是缘起不实在的，如水中月不可捞摸。倘若执意地认为一切外物皆归自己所有，就会透支身体和生命去追求，在荣辱得失中纠结焦虑，痛苦不堪，终究会为情所困，为名所害，为利所累。不着相就不会迷于表象，就能透过表象看到本质。美色表面上看是高矮胖瘦的区别，实质是附着在肉体上面的一层皮囊，本质上没有区别。看透了就不会为所谓的美色所迷惑，更不会为情所伤。生活表面上看是车水马龙、各种忙碌，实质是为了满足自己的吃喝拉撒睡，这种基本的需求很简单。看透了就不会为了功名绞尽脑汁，更不会为了钱财以命相搏。吃喝拉撒睡是为了活着，但活着不是为了吃喝拉撒睡。

灵魂的升华才是生命的内在，这也是底层次认知与高层次认知的根本区别。

很多人都认为现在所拥有的一切，不管是房子、车子、票子还是其他金银珠宝，一旦拥有就永久地属于自己，其实就是着相的表现。忽视了我们只不过是宇宙间匆匆的过客。所有这一切只是归我们支配和使用几十年而已，终究无法带走，并不真正为我们所拥有。多年以后归谁所有，归谁使用，我们不得而知，也没有人会知道，社会的发展不以我们的意志为转移。就如同秦始皇花费巨额人力、物力打造的兵马俑一样，也许他的本意并不想为人所知，然而现在却成了供世人旅游的景点。庄子说："一受其成形，不亡以待尽。与物相刃相靡，其行尽如驰，而莫之能止，不亦悲乎！终身役役而不见其成功，茶然疲役而不知其所归，可不哀邪！"意思是人一旦形成形体，就认为躯体是常驻不变的而等待最后的耗尽。和外物相接触，既有相互矛盾之时，也有切中事理之时，他的心追逐外物像奔驰一样不能止步，这不是很可悲吗！一辈子劳劳碌碌而看不见他的成功，精神不振，疲于劳役，而不知道他的归宿，这不是很可悲吗！

多少人执着于外物，劳苦一生，却没有意识到人的需求其实是很少的，能满足基本的衣食住行就够了。多余的不仅无法带走，反而容易消磨人的意志。使人的五官麻醉，心发狂，感觉不到幸福的存在，只感到了空虚和无聊。把对外物的获得作为人生的追求，正是着相的表现。不懂得外面得来的，终究也会在外面失去；只有内在的修行、内心的恬淡，才是人生真正的富有，才是生命的精华最重要的体现。

《庄子》里曾描述过一个叫宋荣子的人，说即使世上的人们都赞誉他，他不会因此飘飘然，世上的人们都非议他，他也不会因此而沮丧。他清楚地划定自身与物外的区别。对于整个社会，从来不急急忙忙地去追求什么。尽管如此，庄子说他还是未能达到最高的境界。因为最高的境界是："至人无己，神人无功，圣人无名。"意思是道德修养高尚的"至人"能够达到忘我的境界，精神世界完全超脱物外的"神人"，心目中没有功名；思想修养臻于完美的"圣人"，从不去追求名誉和地位。正所谓"至乐无乐，至誉无誉"。

怎样才不会着相？内心时常保持虚空的状态，去除私欲心、得失心、计较心，就不会过度追逐名利，无休止地贪嗔痴，为外物所累，自然也就不会痛苦、忧伤、焦虑，算计和被算计。一切有形的东西，但有所见，都如梦如幻，如水面的气泡，如镜中的虚影，如清晨的露珠，日出即散，如雨夜的闪电，瞬息即逝，对于一切事物都应该这样去看待。如此一来，外界的诸事物自然会呈现出其本来的样子。面对大海时看到的就不会只是表面的风平浪静，还会窥测到大海深处的暗流涌动。面对白雪覆盖的大地时，看到的就不会只是地表上的皑皑白雪，还能洞察到白雪下面的坑坑洼洼。面对晶莹剔透、珠光宝气的奢侈品时，就不会只看到它的光鲜亮丽、昂贵价格，还能看到制作它的真材实料、人为因素以及蕴含在其中的虚荣心。

如果我们把心比作水，映在心里的功名利禄等外物就是水中的月亮，看似真实，实则是空的、虚幻的。雁过无痕，大雁飞走后不留任何痕迹；人逝无影，人死亡后亦归于虚空。正所谓"人生百年如朝露，世间万象皆浮云"，更何况世间的是是非非、荣辱得失。走到生命的终点才发现曾经义无反顾的执着，遍体鳞伤的坚持，绞尽脑汁地算计，最终都成了浮云。

不着相才会看透事物的本质，减少贪嗔痴的欲望，摆脱痛苦和焦虑。修行至物我两忘、恩怨皆空之境界，才会于云淡风轻处闲看花开花落，风吹雨打中闲庭信步。享受生命的本真，体验岁月的静好。

生活的最高境界或许就是外不着相，内不动心。亦如罗曼·罗兰所言："人生最可贵之处在于看透了生活的真相后，依然热爱生活。"

第十一章　心态

心态好的人往往能如愿以偿,心态差的人常常事与愿违。

　　心态,通俗说就是心理状态。美国著名心理学家马斯洛说:"心态若改变,态度跟着改变;态度改变,习惯跟着改变;习惯改变,性格跟着改变;性格改变,人生跟着改变。"从某种意义上说心态决定命运,拥有什么样的心态,就拥有什么样的人生。

　　一个人精神状态的好坏基本上是其心态决定的,心态好的人豁达愉悦,通常会感受到方方面面的顺利,工作的满意,家庭的幸福,生活的美好。相反心态不好的人消极颓废,会觉得诸事不顺,看什么都烦,厌恶工作,抱怨家庭,觉得生活乏味无聊。

　　心态好的人胸怀宽广,能屈能伸,不会固执己见,懂得改变能改变的,接受不能改变的。当发现自己改变不了这个社会时,就会调整心态去适应这个社会,融入这个社会，而不是愤世嫉俗、一味地发泄和抱怨。深知无法改变别人，可以改变自己；无法改变天气，可以改变心情；无法改变环境，可以适应环境。懂得不能延长生命的长度，可以拓展生命的宽度。因此心态好的人大都能顺应规律和趋势，成为生活中的乐观者而不是悲观者。身体相对来说也比较健康，认识到每个人都是环境的产物，尊重别人的选择，不会把自己的意志强加给别人。知道没有绝对的公平，能包容社会上个别不公平的事。生活中不会斤斤计较，更不会大动肝火。如果说体育锻炼和科学的饮食是健康长寿不可或缺的一个方面，那么良好的心态是更为重要的另一方面。医学心理学表明，心理活动可以影响到神经功能的分泌水平，从而影响到身体健康。在中医学里也有情志致病的理论，认为人的七情太过，皆能伤及身心健康。

心态好的人对周围的一切充满感恩和爱意，包括对人和大自然的欣赏和赞美。托尔斯泰说："即使在最好最有爱的关系中，夸奖也是必不可少的。正如同要使车轮转得更快，润滑剂是必不可少的。"婚姻更是如此。夫妻关系中一句认可和赞美的话，会让对方感受到尊重和爱；一句抱怨和嘲讽，会让对方感到自卑和沮丧。曾经有两个猎人一同出去打猎，各自打到一只兔子回家。一个猎人的妻子不满地说："你一天只打到一只小野兔，我们什么时候才能富有，真没用！"猎人听后不高兴，埋怨妻子不知天高地厚，不知道打猎的辛苦。第二天这个猎人因为心情不好，一只也没打到；更不愿回家面对妻子的抱怨，家庭关系越来越差。另一个猎人的情况恰恰相反，妻子看他带回了一只兔子，高兴地说："你每天都能打到兔子，让我和孩子都有兔肉吃，太棒了！"猎人听了满心欢喜。第二天又去打猎了，因为心情好有动力，竟然打了两只，妻子高兴极了，给他做了丰盛的晚餐。猎人对妻子的厨艺大加赞赏。夫妻越来越恩爱，小日子也越过越红火。美国著名管理大师史蒂芬·科维说："人们可以变成什么样的人，取决于你如何对待他们或是坚信他们是什么样的人。"赞美和抱怨会使对方产生两种截然不同的心态。

好的心态需要好的动机，所谓起心正念。起心动念皆是因，当下所受皆是果。不存在无因无果，当下的每一个念头，都会成为一粒种子。种下什么因得到什么果。尤其是人际间的交往，一句让人开心的话，自己会先开心，因为自己不开心就说不出开心的话。同样，一句让人生气的话，自己也会先生气。当用个两手指指向别人的时候，另外三个手指会本能地指向自己。威廉·詹姆士说："人类本质里最殷切的需求是渴望被人认可。"适度的赞美和认可，不仅让别人舒服，自己也会舒服。一个习惯了经常否认和指责他人的人，大多数情况下不受欢迎，因为没有哪一个人愿意被否认和指责。看不到这一点的人，很难有一个好的人际关系。

英国作家狄更斯说："一个健康的心态比一百种智慧更有力量。"《小官吏之死》里讲述了这样一个故事，大意是一个小官吏在剧场看戏不小心打了一个喷嚏，怀疑自己冒犯了前排看戏的大官，当场道歉后大官说没事，已经不跟他计较并且原谅了他。可是几天后他却三番五次找到大官向他道歉，最后惹怒大官，被大官呵斥吓死了。这本是一件极其普通的事情，可是由于他的极度敏感和心理的极度脆弱，唯恐这件小事为日后埋下隐患，当遭到不胜其烦的大官呵斥后，敏感的玻璃心破碎，导致死亡。小官吏看上去是心理脆弱，实质上是得失心太重。倘若得失心不重，就不会如此计较，心态自然就能平衡，就不会有被吓死之说了。现实中小肚鸡肠的人往往过于敏感，哪怕是别人的一句话也会耿耿于怀；甚至别人的一个眼神就彻夜难眠，是心态极度脆弱的表现。

知识浅薄，认知层次低的人也容易心态失衡，因为看不到事物的本质，常常被表面现象所左右。《庄子》里有一个故事：养猴人要给猴子吃果子，先说早上吃三个，晚上吃四个，猴子听了，怒形于色；于是他改口说早上吃四个，晚上吃三个，猴子听了，转怒为喜。庄子对此评价为:"名实未改而喜怒为用,亦因是也。"意思是名义不同,实际上没有变化,却因此或怒或喜,也不过就是顺着猴子的心理罢了。

不懂得思考和反省的人心态较脆弱,往往会一条道走到黑,陷于极端。曾经有一个亿万富翁破产后决定跳河自尽,当他来到河边时看到一个女孩坐在河边哭泣,问道:"你在这里干什么?"女孩说:"我失恋了,想跳河自杀。"女孩问他来这里干什么,他说来散步。他说你认识这个恋人之前是怎么活的?女孩想了想说,认识恋人之前活得挺好。女孩突然明白了,然后就回家了。在跟女孩谈话后,他也醒悟了,自己在成为亿万富翁之前一无所有,不也活得挺好吗?刹那间什么也明白了。

心态好的人做人能知足,不会贪得无厌;做事能把握重点,分得清轻重缓急。因此生活中总能知足常乐,身心愉悦;工作中总能有条不紊,劳逸结合,且事半功倍,自然会有一个好的心态,享受生活的乐趣与美好。倘若每天都在不停地忙碌中度过,筋疲力尽,不仅忙不出什么结果,还会让心态变得越来越差。生活并不是什么都多多益善。很多人一生看似忙忙碌碌,实则只是在枝枝叶叶间疲于奔波,仅仅停留在才智技巧等术的方面,忽视了对事物的思考,虽一刻不停,却收获甚微,自然不会有好的心态。真正会生活、心态好的人,懂得做减法,而不是一味地做加法。他们深知减掉的是无谓的负担，得到的是全新的自我。做人如此，做企业更是如此。苹果公司创始人乔布斯在1997年9月，距离苹果公司只有两个月就要破产的时候，被请回了苹果公司。他不是靠增加人员、设备和产品来拯救公司，相反开始大刀阔斧地做减法，将公司15个台式机型号减少到1个，手持设备的产品型号减少到1个，剥离打印机及外围设备业务，减少开发工程师和经销商数量，将6个全国性的零售商减到1个。用了不到一年的时间让苹果公司起死回生。

　　心态好的人懂得给大脑留出思考的时间，给生命留出一定的空白，生活中能事事留余，事事不尽。《菜根谭》里说："若业必求满，功必求盈者，不生内变，必招外忧。"假如对一切事物都要求尽善尽美的地步，一切功劳都希望达到登峰造极的境界，即使内心不出问题，也必然为这些而招致外来的攻讦、忌恨。水满则溢，月满则亏，得道之人从不追求圆满。老子说："大成若缺，其用不弊。大盈若冲，其用不穷。"最完美的事物，好像有残缺一样，但它的作用永远不会衰竭，最充盈的东西，好似是空虚一样，但它的作用是不会穷尽的。断臂维纳斯一百多年来一直被公认为是希腊女性雕像中最美的一尊。法国大艺术家罗丹说："这件作品表达了古代最了不起的灵感，她的肉感被节制，她的生命的欢乐被理智所缓和。

正是这种残缺的美，震撼着人们的心灵成了真正意义上的美神。"

　　心态好的人在境遇不好时能想到那些境遇更差的人，只会满足于已有的，不去羡慕没有的。心态不好的人不是因为拥有的太少，而是不懂得知足、知止。知足者觉得自己的鞋子不够漂亮时能想到那些没脚的人；不满意自己的父母时，能想到那些无依无靠的孤儿；不满意自己的衣食住行时，能想到那些吃了上顿、没有下顿的难民；身处逆境、抱怨命运的不公时，能想到那些躺在医院重症室里欲吃不能、欲动不能的人；处在人生的低谷时，能想到那些生活在战火中每天担惊受怕，随时面临死亡威胁的人。懂得人跟人没有可比性，做最好的自己，才是对生命的负责。

　　俗话说："身在福中不知福。"有时候你在羡慕别人的同时，却不知道别人正羡慕着你。有两只老虎，一只在笼子里，一只在野外。都认为生活得不好，互相羡慕。笼子里的羡慕野外的自由，野外的羡慕笼子里的衣食无忧；于是互换角色，不久两只老虎都死了。一个在笼子里郁闷死了，一个在野外饿死了。人们往往对自己所拥有的熟视无睹，而对他人拥有的羡慕不已。天下有多少人都羡慕英国王妃戴安娜的贵族生活，可她在死前却说："我希望做个平凡的人，可以跟人出去谈个恋爱，吃个饭，没人管我。"你羡慕着别人的荣华富贵,别人正羡慕着你的自由自在。你羡慕着别人的高官厚禄,别人正羡慕着你朴实无华的日常幸福。正如卞之琳的诗写的那样:"你站在桥上看风景,看风景的人在楼上看你,明月装饰了你的窗子,你装饰了别人的梦。"每个人都是独一无二的,都经营着属于自己独一无二的生活,没必要羡慕谁,守住内心的安宁,专注于自己的生活就好。

心为人之主导,一切外相皆源自内心。你希望世界什么样子,你的心态就要什么样子。因为内心什么样子,眼里就呈现出什么样的世界。苏东坡跟佛印的故事颇能说明这一点。一次苏东坡和佛印和尚在林中打坐,日移竹影,一片寂然,很久了,佛印对苏东坡说:"观君坐姿,酷似佛祖。"苏东坡心中欢喜,看到佛印的褐色袈裟透迤在地,对佛印说:"上人坐姿,活像一坨牛粪。"面对苏东坡的嘲讽,佛印和尚没有丝毫不满情绪,只是微笑而已。苏东坡心想这回让佛印和尚吃了一记闷亏,暗暗得意。回家后禁不住告诉苏小妹,想不到苏小妹却说:"哥你又输了,试想佛印以佛心看你似佛,而你又是以什么样的心情来看佛印呢?"心中有佛,所见皆佛;心中有快乐,处处感受到快乐。有两个人来到同一个公园,一个说这个公园里到处是狗屎,糟糕透了!另一个人说这个公园美极了,到处是鲜花绿草,飘着鲜花的芬芳!同样的环境，为什么呈现给两人的却是完全不同的景色？原来第一个人看到狗屎后就只顾低着头寻找狗屎，所以眼里看到的全是狗屎。另一个人看到的是鲜花，所以只顾寻找并欣赏鲜花。心随境转心态差，境随心转心态好。心是美好的，世界自然呈现出美好的样子；心是龌龊的，世界自然呈现出不堪的样子。

物随心转，境由心造，烦恼皆由心生。心态是自己的主人。影响心境的从来不是环境，而是面对环境的态度。苏轼被贬至偏远落后的黄州，不仅爱上了那里的猪肉，留下了至今仍被津津乐道的美食"东坡肉"。一曲"回首向来萧瑟处，归去，也无风雨也无晴"的千古名句更是脍炙人口。反观那些同样被贬却客死他乡的官吏，苏轼面对困境时的坦然心态，强大内心可见一斑！一样的境遇，不一样的心境。

拥有一个好的心态并不难。既不要深陷没有穷尽的欲望之海，在忙碌追逐中疲惫不堪，忽视了沿途的风景；也不要在所谓的看破红尘中无所事事，浪费掉大把的光阴。懂得忙中取闲，动中取静，闲能静，静则思。人生数十载，弹指一挥间，载不动太多的功名利禄，容不下太多的恩怨荣辱。给生命留白，给生活留白，就是给好心态留白。闲暇中走进大自然的怀抱，倾听树枝上小鸟的呢喃，仰视蓝天间漫步的白云，俯视土壤中冒出的小草。在大自然赐予人类的神奇与美妙中感知生命的美好，感知生而为人的幸运。才发现生命的最好状态在大自然里，最好的心态在与大自然的和谐共生中。

第十二章 改变

改变有可能获得重生的机会，不改变只能在痛苦中煎熬。

这个世界永远不变的就是变化。只有将自己的脉搏调成跟时代的频率一致，思想及行动跟随时代的脉搏一起跳动时，才有可能与这个时代共舞，有所成就，否则可能无所作为，乃至被淘汰。

我们芸芸众生大多数时候都无力改变一个人，更不用说去改变世界了。与其总想着改变别人，不如提升自己，改变自己。当然改变自己根深蒂固的思想观念是一件极其困难的事，但不改变就只能在现状中煎熬，在自己的精神世界里内耗。改变可能是痛苦的，却有迎来新生的可能。

当自己的想法和态度改变的时候，很多东西会随之跟着发生改变，甚至命运也会在不知不觉间发生翻天覆地的变化。曾经流传这样一个故事：有一个卖花的小姑娘，天色已晚,手上还剩一朵玫瑰花没有卖完,正巧看到路边有一个乞丐,就把那朵玫瑰花送给了他。

乞丐回到家之后,找出一个瓶子装上水,把玫瑰花插进去养起来,突然间觉得这么漂亮的花怎么能放在这么脏乱的桌子上,于是他开始动手把桌子擦干净,把杂物收拾整齐。这时他感到这么漂亮的玫瑰和这么干净的桌子怎么能放在这么杂乱的房间呢?于是他把整个房间打扫一遍,把所有的物品摆放整齐,把所有的垃圾清理出房间……

这时突然发现镜子中的自己蓬头垢面、不修边幅,衣衫褴褛,觉得这个样子没有资格待在这样的房间里与玫瑰相伴。于是他立刻去洗了个澡,找出稍微干净的衣服,刮完胡子,把自己从头到脚整理了一番,再照照镜子,突然间发现一个从未有过的年轻帅气的脸出现在镜子中!这时候,他突然想自己这样年轻英俊为什么要去当乞丐呢?立刻做出了一个他人生中最重要的决定,不再当乞丐。于是第二天就出去找了份工作,几年后成了一个非常有成就的企业老板。

这是内部作用的改变,这种从内心打破自己的改变是通过外部的一点刺激,如同文中乞丐的改变是从一朵玫瑰花中顿悟,让自己有了脱胎换骨的改变。

外力作用下的改变,属于被动地去改变,特别是他人强迫式的逼着自己改变。巴菲特说:"当有人逼迫你去突破自己,你要感恩他。他是你生命中的贵人,也许你会因此而改变和蜕变。当没有人逼迫你,请自己逼迫自己,因为真正的改变是自己想改变。蜕变的过程是很痛苦的,但每一次的蜕变都会有成长的惊喜。"没有教练看似残酷的逼迫训练和自己痛苦的坚持,就成不了奥运会上的世界冠军。没有健身房里的挥汗如雨,肌肉酸痛,就不会有强健的体魄和匀称的体型。

内心存有改变的想法,才会及时发现需要改变的地方。当在一个领域打拼多年,每天忙忙碌碌,起早贪黑,但多年后发现自己还是在原地打转、毫无建树,还是没能过好这一生时,就不要再盲目地继续干下去了,而是应该停下脚步进行深刻反思:是所在行业不行,还是自己不够努力?是单纯为了养家糊口而忽视了自己的专长兴趣,还是一开始方向就错了。如果是方向错了,停下来就是进步。磨刀不误砍柴工,只有经过深刻的反思,发现问题所在,进行彻底的改变后沿着正确的方向,再去全力以赴地努力,才会有所建树。

改变须从发现需要改变的那一刻起,就要立刻去改变,而不是拖延下去。当发现身体肥胖或体质变弱需要健身时,就要即可开始行动,而不是过几天再说。否则一旦让懒惰情绪战胜了这种改变的想法,就会无期限地拖延下去，多年后这种想法也就颓废了。当发现自己从事的工作不是自己的志趣所在，只是混天熬日时，要即刻改行或跳槽，否则只会继续蹉跎岁月，浪费生命。周国平说："我们永远只能生活在现在，要伟大就现在伟大，要超脱就现在超脱，要快乐就现在快乐。总之，如果你心目中有了一种生活的理想，那么，你应该现在就来实现它。倘若你只是想象将来有一天能够伟大、超脱或快乐，而现在却总是钻营、苦恼，我敢断定你永远不会有伟大、超脱、快乐的一天。作为一种生活态度，理想是现在进行时的，而不是将来时的。"[1]

现实中的很多人并不是这样，他们常常把这种当下可以做出的改变或者说当下就可以有的快乐往后拖。等有钱了就去旅游，有了钱后，就说等有时间了，有钱有时间后，发现自己已经年老多病，心有余力不足。年老时可以旅游，但已没有了年少时的体格和好奇；年老时当然也可以谈恋爱，但已没有了年轻时的激情。三岁的时候拥有一件玩具可以开心得手舞足蹈，三十岁的时候再拥有这件玩具已经毫无意义。有些需要当下去做的事跟多年以后再去做是完全不一样的。

改变大脑只储存不清理的问题。因为容量有限，所

---

[1] 周国平.灵魂只能独行[M].北京：人民文学出版社,2015

以要定时清理掉头脑中的垃圾，更新自己的思想，才能时时保持清醒。特别是那些让自己感到身心疲惫的东西，要及时清除。有时候并不是新的知识、新的认知多么深奥、复杂接受不了，而是脑子里塞满了旧的观念和旧的认知，容纳不下新的东西。感情变质时，不管是爱情、亲情还是友情，都要把这种变了味的感情从记忆中清理掉，否则就是拿别人的错误来无休止地惩罚自己，只会让自己更加受伤和痛苦。路走错了，懂得及时调头转弯，否则离目的地只会越来越远。不管是选错了职业，交错了朋友，还是爱错了人都要及时转身，及时改变。只有这样才能将损失降到最小，身心免受更大的刺激和伤害。

凡事三思而后行，尽量改变先犯错再改正的问题，因为有的错一旦犯了就没有改正的机会了。好的身体和身材，需要从饮食的源头上去改变，只有改变自己的饮食结构，保持正常的代谢，才会有一个健康和得体的身材。如果等到发现自己的身体变得肥胖并伴随着出现各种疾病时，再去吃各类减肥药，甚至去手术，进行所谓的养生减肥，治标不治本。在物质生活极大丰富的今天，很多疾病，特别是高血压、高血脂、高血糖等疾病，基本都与饮食有关。一旦患上，一生可能都离不开药物，何来改正的机会！很多人暴饮暴食，再加上不规律，就容易导致疾病，甚至过早死亡。美国科学家曾做过这样一个研究：将200个猴子分成两组，一组猴子不控制饮食，顿顿管饱；另外一组严格控制饮食，只让吃七八分饱。10年过去了，敞开吃的这100只猴子中，很多体胖多病的猴子，有得脂肪肝、冠心病、高血压的，100只猴子死了50只；而控制饮食的那100只猴子中，只有12只死亡。到第15年时，顿顿吃饱的猴子都死光了，高寿的猴子都在七八分饱的那一群中。

更有实验证明：老鼠如果每天减少30%的食量，就能延长30%的寿命。而人如果在年轻时经常吃撑，其危害甚至会影响两代人的健康。澳大利亚专家得出如下结论：如果人类时常保持两分饥饿，其寿命将增长20%～30%；英国伦敦大学学院健康老化研究所也曾研究发现，食量减少40%,可能让寿命延长20年。

遍地美食的时代，人们面对色香味俱全的食物，往往控制不了自己的食欲，于是也就不再控制，吃不撑就觉得不过瘾。每天多吃一餐，每餐多吃一点，最终增加了身体的脂肪，缩短了寿命。肥胖也就成了顺理成章，又怎么渴望长寿！《菜根谭》说："爽口之味，皆烂肠腐骨之药，五分便无恙。"意思是美味可口的山珍海味，多吃便等于伤害身体的毒药，如果只吃五分饱便不会受到伤害。因此，要想身材苗条好看，健康长寿就必须从源头上改变，从控制饮食开始。

改变需要有破局思维，很多时候自己生活在了一个负循环的局中却浑然不知。现代人觉得累，有时候并不是身体上的累，而是内心的迷茫。迷茫的原因大多是不满现状却又走不出现状的无奈，改变不了自己的处境，又改变不了自己。只能在这个负循环的局中痛苦地煎熬着，自然会感到身心疲惫。当发现这个问题时就要先跳出这个局，以局外人的眼光来审视周围的一切，自己所做的一切。俗话说当事者迷，旁观者清。当然要做到这一点，必须先提高自己的认知，进入到一个更高的境界。以终为始，将思维颠倒过来，而要达到此种境界的思维，就要花更多的时间和精力投资自己，反观自省，持续不断地学习，明确自己的兴趣专长和能力圈的范围，才有可能让自己站在一个更高的维度上，重新审视自己，突破自己，改变自己。

改变能改变的，接受不能改变的。与其说是对现实的屈服，不如说是对自己心态的正常调整，否则会感到痛苦甚至绝望。屈原面对楚国的现状无能为力，既接受不了，又改变不了，于是发出了"世人皆醉我独醒，举世混浊唯我独清"的感慨后投身于汨罗江。现实中很多人不满意社会中存在的一些现象，改变不了又不去改变自己，只能在怨声载道中度过。不满意工作单位，又没有跳槽的勇气，每天牢骚不断，只能在消极无聊中混天熬日。不满意自己的配偶，又没有离婚的决心，只能在争吵打骂中过着鸡犬不宁的生活。

　　需要改变而不去改变时，如果是受制于自己的能力，就调整心态，适应当下。山不过来，自己就过去。如果是能力允许而不去改变，是对只有一次生命的不负责任。不管是工作、婚姻、交友、读书、学习以及生活中的任何事情，也不管是年轻还是年老，只要境界提升了、顿悟了，任何时候的改变都为时不晚，所谓"朝闻道，夕死可矣"。

开悟篇

第十三章 内心

遵从自己的内心,活成自己想要的样子。

遵从内心,追寻内心的自己,活成自己想要的样子,是对只有一次生命的尊重和负责。乔布斯说:"你的时间有限,所以不要为别人而活;不要被教条所限制,不要活在别人的观念里;不要让别人的意见左右自己内心的声音。最重要的是,勇敢地去追随自己的心灵和直觉,只有自己的心灵和直觉才是你的真实想法,其他一切都是次要的。"

现实中又有几人敢说是自己心的主人,无视他人的非议和目光,勇敢追寻自己的内心,想自己所想,做自己所做,活出了真正的自我。一方面,每个人还未出生时社会就已经为其设计好了一条人生轨迹:学校读书—参加工作—结婚生子—年老退休—终老死去。如果不沿着这条轨迹行走,就会成为世人眼中的另类。另一方面,为了生存，不得不做自己不喜欢的事。为了顾及他人的利益和感受，不得不搁置自己内心的渴望。当为了生存不得不做自己讨厌的工作时，是不得已而为之，并非出自内心的热爱。当为了顾及父母、孩子及亲朋好友的感受和面子不得不放弃内心的追求时，是委屈了内心顺应了世俗，这些都是世俗压力下的无奈之举，而不是内心的使然。这些违背内心而做的事情，常常让自己感到痛苦，但又无能为力。因为不是发自内心的初衷，往往会随着外部条件的改变而改变，特别是遇到困难时很难坚持下去，更谈不上实现自身的价值。偶尔的小成就和满足感往往需要心灵鸡汤、"打鸡血"等外部刺激，随着这些外部因素的消失，激情和动力也会渐渐褪去。

　　遵从内心，始于潜意识里想要做的事，才是自己真正喜欢的。往往不需要自律、鼓励、喊口号，而是一种本能的自觉，且容易产生愉悦感、成就感。英国著名物理学家牛顿请朋友来家吃饭，自己专心去做实验了。朋友来后没看见他，就自己吃了起来，并把吃剩的鸡骨头放在了盘子里离开了。过了很久，牛顿饿了，便从实验室来到桌旁，看到一片狼藉的桌子，自言自语地说："原来我已经吃过了。"忘我的境界只产生于骨子里的本能和热爱，且会释放出最大的潜力，产生最大的成果。

　　普通人之所以普通，并不一定是智力及情商的问题，往往是不得不在世俗设计好的轨道上运行,从而浇灭了内心深处想要燃起的火苗和迸发的激情。没有勇气摆脱世俗的约束和压力,那颗蠢蠢欲动的心随着时间的流逝、年龄的增长也渐渐平静下来,沉寂下来,激情消失。再就是一旦投入到了三点一线、日复一日的忙碌中时,也就不会再静下心来去思考这类问题,虽然也并没有忙出什么成果。

追寻内心,不是好高骛远。期望值太高,没能达到预期的目标时就会产生心理落差,容易自我否定,产生焦虑。现实中很多人都认为自己比别人强。这一点在证券市场上表现得尤为突出,都知道股市上"一赚二平七亏损"的道理,但每个人都觉得自己是那个最聪明的赚钱的一,不是那个二平七亏损的人。很显然如果觉得自己是那个二平七亏损的人就不会参与到股市了,谁会拿着钱来亏损呢?更可笑的是亏损了钱,不是检讨自己,反省自己,而是怪罪市场。长此以往,就会因为期望值与自我评价总是不一致而陷于焦虑和不安的情绪中。

追寻内心要有足够的定力。对自己定位不清晰,像墙头草一样。今天听了个讲座,觉得自己应该淡泊名利,做个佛系青年;明天听了个人不应该平平淡淡的心灵鸡汤,觉得自己应该马上去创业,以不辜负人生。不知道自己要鱼还是熊掌,不懂鱼和熊掌不可兼得的道理。每天就这么折腾来折腾去，最终什么事也没做好，什么人也没做成，还是那个一事无成的自己。

　　追寻内心要尊重并坚持自己的价值观。把自己的价值建立在别人的眼光中，只关注外界对自己的评价，忽视内心真实的自己，会压抑自己的个性，终究活成了别人期望的样子，却难为了自己，泯然于众人，最后丢失了自己。明明自己是一个内向不善表现的人，但别人说如果活泼一些，开朗一些会更好，于是就按照别人说的去凑热闹，去违心地外向。明明自己是一个活泼开朗的人，别人说如果矜持一些，庄重一些会更好，于是就顺着别人说的，压抑自己去故作深沉。穿在自己身上的衣服明明舒适得体，别人一句"不好看"就不再穿。明明陶醉在自己的兴趣里，就因为别人一句"没有前途"，便立即放弃。忽视自己内心的本真，做了很多没有意义的事，仅仅是为了取悦别人而已。这种违背内心、跟内心对抗、长时间内耗的折磨不仅不会有成就感，反而会让自己觉得很累很痛苦，无形之中把自己塑造成了别人想要的自己。当代画家、诗人席慕蓉的《独白》里有这样一段话："在一回首间，才忽然发现，原来，我一生的种种努力，不过只是为了周遭的人对我满意而已。为了博得他人的称许与微笑，我战战兢兢地将自己套入所有的模式，所有的桎梏。走到途中，才忽然发现，我只剩下一副模糊的面目和一条不能回头的路。"事实证明，违背自己的内心，一味取悦别人，讨好这个社会，并不会让自己觉得幸福。

　　一个人只有知道自己想要什么，才有可能在这个浮躁的社会中，剔除干扰，专心做自己想做的事。普林斯顿大学曾邀请钱钟书去讲课，酬金16万美元，他拒绝了；哈佛大学寄来3000美金，让他去读博当路费，他直接拒绝退还了。他不在意名誉、名人这个身份，只想踏踏实实做学问。他对杨绛说："我的志气不大，只想贡献一生，做做学问。"正是因为清晰地知道自己内心的需求是什么，才不会为途中的种种诱惑所迷失，不会为途中的种种困难所吓倒。也不会被外在的虚荣耗费精力，不会为讨好他人而牺牲自己的时间，更不会硬着头皮去做自己不喜欢做的事。只有内外一致，做最真实的自己，才会做有趣、快乐且愉悦身心的事，远离不健康的东西和不喜欢的人，避免陷入不必要的焦虑和痛苦。

　　大多数人直到年老回首时才发现，自己的人生自己说了并不算，真正辜负的并不是别人，而是自己。

　　熙熙攘攘的人流中，活着活着就活成了他人的影子，羡慕着他人高官厚禄时的趾高气扬，腰缠万贯时的排场，更有甚者不惜花大把的钱，冒着生命危险去美容整形，企图变成别人的样子或者别人喜欢的样子。从来没想过做回自己,更不用说去追寻内心。狄更斯说:"这是最好的时代,也是最坏的时代;这是一个智慧的年代,这是一个愚蠢的年代;这是一个信任的时期,这是一个怀疑的时期。"身处于这个时代中,我们怎么才能做到不随波逐流、保持真我呢?

关于现代人心灵充实而又不后悔的活法,2018年11月10日的《华盛顿邮报》评选出十大人间奢侈品:1.生命的觉悟;2.一颗自由,喜悦与充满爱的心;3.走遍天下的气魄;4.回归自然,有与大自然连接的能力;5.安稳而平和的睡眠;6.享受真正属于自己的空间与时间;7.彼此深爱的灵魂伴侣;8.任何时候都有真正懂你的人;9.身体健康,内心富有;10.能感染并点燃他人的希望。

十大奢侈品,无一与物质和名利有关,生命的觉悟排在首位,倘若生命不能觉悟,后面九个奢侈品就无从谈起。周国平说:"人生有三个基本觉醒:生命的觉醒,自我的觉醒,灵魂的觉醒。"深以为然!

生命的觉醒告诉我们,人只是一个简单的生命,吃饭时吃饭,睡觉时睡觉。不在吃饭时想着争名,不在睡觉时想着夺利,不为已经过去的事懊悔,不为还没到来的明天忧虑,活在当下,此乃纯粹生命的觉醒。然而现实中的人却往往因功名利禄寝食难安,夜不能寐,患得患失,耗尽了心血。常常因官位比别人低闷闷不乐,钱比别人少而心怀不平，没能享受到纯粹生命带来的人生快乐。

　　自我的觉醒告诉我们，每个生命都是独一无二的，不为世俗牵绊，不为攀比苦恼；不活在他人的眼光和闲言碎语中，正所谓"走自己的路，让别人说去吧"。活出自己的个性和真性情，把生命体验到极致，此乃自我觉醒的体现。清楚自己想要的是什么，而不是用外界的标准来界定，才能做内心真正的自己。遗憾的是大多数人都活在别人的眼光中，世俗的框架里，随波逐流，人云亦云。始终没有为自己的真性情迈出一步，没有活出真实的自我，更没能享受到精神内在的充实和生命的愉悦。

　　灵魂的觉醒告诉我们，须透过身体并超越身体，去发现自我。仰望苍穹，能与天上的星星对话；俯首河流，能与小溪细语。顺其自然，大我无我，此乃灵魂之觉醒也。然而现实中的人们却常常在忙碌中丢失了灵魂，又如何能感受到生命的深远。

　　自由、喜悦与充满爱的心，自由包含时间上的自由，空间上的自由和心灵上的自由。当一个人每天忙得像机器一样一刻不停地旋转，甚至连一点思考的时间都没有时，已经与自由擦肩而过。每天如青蛙一样生活在井底，自得其乐地欣赏着井口大小的天时，就已经限制了空间上的自由。每天执着于功名利禄、金银财宝，无视灵魂的存在时，心灵上的自由已不复存在，又何谈心灵上的喜悦和充满爱的心。如果还有喜悦，那也只是得到和拥有时的世俗的喜悦；如果尚存充满爱的心，那也只是在满足自身利益和名声前提下的交换，而不是发自内心深处的。

走遍天下的气魄，有人说这需要时间，更需要金钱做后盾。这话对错不予置评，因为确实有人被这两个条件限制住了，但更多的人可以有时间打游戏、搓麻将、喝酒吹牛皮，但会说没时间走出去。有钱后可以买车，可以逛街，可以天天刷淘宝、京东，但会说没钱走出去。走遍天下需要气魄，不管是否有时间和金钱，如果没有气魄，一切都是空谈。走遍天下不仅仅是游山玩水，陶冶情操；更重要的是提高自我的认知，接受不同的文化，不同的习俗。让自己认识到这个世界上没有绝对的正确与错误，也许异国他乡的天经地义在自己那里就是不可思议。没有绝对的公平，有的人在一掷千金地挥霍，有的人还在为下一顿饭没有着落而发愁。无意中会让自己懂得接受别人的不同，接受这个世界的不同，而不是固执己见，容不得他人的不同，这才是走遍天下的意义所在。

回归自然。当远离了车马喧嚣的都市，回到大自然的怀抱，才发现生命的本真，才真正理解陶渊明那句"采菊东篱下，悠然见南山"。才发现春的绚烂，夏的凉爽，秋的收获，冬的荒芜。才发现只有在大自然里才可以脱下伪装，还原真性情。可以无拘无束地笑，也可以肆无忌惮地哭；可以放声高歌，也可以狂欢乱舞；可以狂吟李白那句"仰天大笑出门去，我辈岂是蓬蒿人"；也可以让那句"长风破浪会有时，直挂云帆济沧海"飘荡在浩瀚的大海上。当然回归自然对那些一刻不停地奔波在名利场上的人来说确实是奢侈品。

　　安稳而平和的睡眠对于淡泊名利、优雅快活的人而言是家常便饭，是普通得不能再普通的事；但对于那些权力欲旺盛，整天想着往上爬的人或者总想利用手中的权力为自己捞好处的人来说，想有个安稳而平和的睡眠真的是奢侈品。因为他们总是钩心斗角，算计别人，又时常担惊受怕，怕被别人算计，所以常常夜不能寐，寝食难安。对于那些视财如命，欲壑难填的人来说也是奢侈品，因为他们的欲望没有穷尽，总是想着拥有更多，为此甚至不惜透支健康和生命，永远没有满足的时候，所以安稳而平和的睡眠于他们而言也是奢侈品。

　　拥有自己的空间和时间对于那些喜欢独处，善于思考的人来说很正常，如苏格拉底、叔本华等哲人的人生，大部分时间都是在自己独立的空间和时间里度过的。也正是这样，才有了苏格拉底那句"没有省察的人生不值得一过",才有了叔本华那句"一个人,要么孤独,要么庸俗"。几乎所有有所成就且产生深远影响的哲学家都拥有自己的空间和时间,这也是他们独立思考的前提条件。对于那些喜欢凑热闹,无法忍受孤独,不注重自我反省的人来说是奢侈品。

彼此深爱的灵魂伴侣属于可遇不可求的事,倘若得之,实乃人生一大幸事。只能借助于现代诗人徐志摩那句话:"我将于茫茫人海中寻找我唯一灵魂之伴侣;得之,我幸;不得,我命,如此而已。"这是灵与肉结合的最高境界!

现实中的伴侣虽做不到灵肉结合,却也不得不厌倦到终老;实在容忍不到终老的就选择了中途下车——离婚后分道扬镳。不得不说灵魂伴侣对于大多数人来说都是奢侈品。

任何时候都有懂你的人,这一点很难。在这个世界上找到任何时候都有懂你的人,就跟想找到完全相同的两片树叶一样难。因为没有一个人可以对另一个人有着真正的感同身受。三观完全相同的人,不能说没有,但少之又少。古语说"人生得一知己足矣"就是对知己难觅的最好写照。

身体健康,内心富有。身体健康者比比皆是,内心富有者就没有那么多了,有的人生活穷,内心更穷;有的人生活富有，但内心很穷。奢侈的生活掩盖不了其精神的贫乏。如周国平所言："有钱的穷人不是富人，有权的庸人不是伟人。"

能感染并点燃他人的希望需要渊博的知识和解救众生的菩提心，如古代的圣人老子、孔子等就是。现代社会里既需要自己有所成就，也需要有强烈的责任心和爱心才能感染他人并点燃他人的希望。对于那些自私自利、消极厌世的人来说是奢侈品。看似每一件都不容易得到的奢侈品，不是因为它太贵重，而是人性太复杂。

伊壁鸠鲁[①]说："你要是按照自然来造就你的生活，你就绝不会贫穷；要是按照人们的观念来造就你的生活，你就决不会富有。"

遵从内心，顺其自然，就这么简单。正所谓"神即道，道法自然，如来"。大道至简，当尊重事实，尊重客观规律，尊重内心的呼唤时，就能活出自我，活成自己想要的样子。

---

① 伊壁鸠鲁（公元前341年—公元前270年），古希腊哲学家、无神论者，伊壁鸠鲁学派创始人。代表作《论自然》《准则学》《论生活》等。

第十四章　当下

活在当下，才知道自己是否还活着，因为能够真实触摸到的只有当下。

通常人们说的"活在当下"是指不为过去已经发生的事懊悔，不为未来还未发生的事担忧，抓住当下就是最好的生活状态。一行禅师在《一步一莲花》中说："生命的意义只能从当下去寻找。逝者已矣，来者不可追，如果我们不反求当下，就永远探触不到生命的脉动。"

活在当下，不是没有目标，得过且过地混在当下，这样于人生而言没有任何意义。只有将每一个当下都融入既定的梦想中，在激发梦想中度过，也就是说是在围绕着人生的具体目标度过的每一个当下，才会有充实的存在感及生命的意义。这样的当下既跟过去有了最紧密的衔接，又跟未来高度融合在了一起，是最有意义的当下。生活在这样的当下，就不会感到无聊，更不会感到恐惧，因为能够触摸到当下的成就。

瑜伽大师萨古鲁说："基本上人们的苦恼，不是关于昨天发生的事情就是关于明天可能发生的事情，所以你总在为一些并不存在的事物而受苦。这仅仅是因为你没有活在现实中，你总是活在你的头脑里，其中一部分是对过去的记忆，另一部分是对未来的想象，在某种意义上这两者都是想象，因为这两者在当下这一刻并不存在，你沉湎于你的想象中，这就是你的恐惧产生的基础。如果你活在现实中，恐惧将不复存在。"

过去发生的事情已经发生了，不管是值得自豪的，还是后悔不已的，都已成为过去式，已经永远地过去了，就像时光一样一去不回头了，再为此高兴或难过已毫无意义。但偏偏就有很多人生活在过去的记忆里，并为此陶醉着或苦恼着。明天可能发生的事，不管是好事还是坏事，毕竟都还没有发生，还有很多不确定性，但今天就已经开始兴奋或恐惧了，并为此唉声叹气。在美国流传着这样一个故事：三个乞丐在寒冷的夜晚躲在墙角下，一个说我当年是百万富翁，如果不是股市暴跌的话；另一个说那是多久以前的事了，明天早上我在垃圾桶里说不定能捡到一张百万美元的支票，第三个乞丐什么也没说，去附近寻找吃的了。第二天早上，那个活在昨天和活在明天的两个乞丐在寒冷、饥饿中死去了，只有活在当下的第三个乞丐活了下来。为已发生的事情和未发生的事情苦恼或恐惧是典型的自欺欺人。只有脚踏实地、专心致志地活在当下，对过去发生的事总结经验、吸取教训；对还未发生、但有可能发生的事做好准备，才是对生活的热爱，对生命的负责。

如果每一个当下都在为既定的梦想有条不紊地奋斗着，看到已经取得的成果和即将取得的成果时，便会感知到生命的真实存在，就会无惧于下一刻会发生什么。如果看不到这种成果，回首走过的路，看似一路走来，却没有留下任何清晰的脚印，就自然而然地产生一种虚幻，感觉跟没活过一样。展望未来时，又不知道干什么，就会觉得一片茫然，感觉不到生命的存在。内心不仅会产生恐惧感，而且会觉得生活乏味无趣，人生没有意义。因此拥有一个切实可行的梦想并用每一个当下为之奋斗的时候，才不会有虚度光阴的懊悔和对未来不确定性的担忧。

活在当下的一个重要表现就是心无旁骛地专注于当下的一点一滴，乐在其中。

有个信徒问慧海禅师："您是有名的禅师，可有什么与众不同的地方？"慧海禅师回答："有。"信徒问："是什么呢？"慧海禅师答："我感觉饿的时候就吃饭，感觉疲倦的时候就睡觉。""这算什么与众不同的地方，每个人都是这样的,有什么区别呢?"慧海禅师答:"当然是不一样的!""为什么不一样呢?"信徒又问。慧海禅师说:"他们吃饭的时候总是想着别的事情,不专心吃饭;他们睡觉时也总是做梦,睡不安稳。而我吃饭就是吃饭,什么也不想;睡觉的时候从来不做梦,所以睡得安稳。这就是我与众不同的地方。"

慧海禅师继续说道:"世人很难做到一心一用,他们在利害中穿梭,囿于浮华的宠辱,产生了种种思量和千般妄想。他们在生命的表层停留不前,这是他们生命中最大的障碍,他们因此而迷失了自己,丧失了平常心。要知道,只有将心灵融入世界,用心去感受生命,才能找到生命的真谛。"

现实中人们睡觉时之所以会失眠,就是因为没有睡在当下,而是满脑子想着心事,想着白天发生的事,想着明天会有什么事,担心这个,害怕那个。人虽然躺在床上,但心却不在床上,致使翻来覆去无法入睡。吃饭时心事重重,虽然看上去是在吃饭,却食不知味,也影响了肠胃的吸收和消化。

手里做着这件事,心里想着另一件事,就是心不在焉,就没有活在当下。《正念的奇迹》一书中有这样一段话:"如果洗碗时,我们只想着接下来要喝的那一杯茶,并因此急急忙忙地把碗洗完,就好像它们很令人厌恶似的,那么我们就不是为了洗碗而洗碗。更进一步来说,洗碗时我们并没有活在当下。事实上,我们站在洗碗池边,完全体会不到生命的奇迹。如果我们不懂得洗碗,很可能我们也不懂得喝茶。喝茶时,我们会只想着其他事,几乎觉察不到自己手中的这杯茶。就这样,我们被未来吸走了,无法实实在在地活着,甚至连一分钟都做不到。"

这些话让我们明白一个道理,计划中有太多安排且急于求成时,往往无法专注于当下的事情。做这件事时,心里想着那件事,做那件事时,心里想着下一件事,如此不断循环。哪一件事都没有融入自己全部的心思,都掺杂着敷衍的成分,结果是哪一件事都没做好。

日常工作中为了赶进度,早点完成任务下班,在急急忙忙中潦草完事,忽视了所做之事的质量,也不能享受到当下聚焦精力工作的乐趣,更没法体会到工作所带来的成就感,只会让自己感到紧张和疲惫不堪。休闲时却挂念着工作上的事,享受不到休闲的惬意。凡此种种,看似活在当下,却没有享受当下。只是在敷衍当下,敷衍的结果就是体会不到当下生命的奇迹,甚至会为日后埋下遗憾。

快乐活在当下,专心就是完美。吃饭时只有在细嚼慢咽中才能品尝到食物的美味,睡觉时只有在心无挂碍中才能享受一觉睡到天亮的惬意，开车时只有在不急不躁中才能感受到稳稳驾驶的乐趣，工作时只有在一丝不苟中才能看到高质量完成的作品，考试时只有在聚精会神中才能发挥出最大的潜力，旅游时只有在心无杂念中才能陶醉于美丽的风景。认真踏实地做好当下的每一件事，才能充分享受到当下的快乐。

过去的得失成败也好，恩怨情仇也罢，都已随着日历轻轻翻过，随着微风轻轻吹走，无须再纠结，否则就是跟自己过不去。唯有活在当下的每一个时日，倾情投入，用心体验，才是对生命最好的负责。尤金·奥凯利说："我如果能够学会活在当下，学会体悟周围世界的美妙，那么我就会给自己赢得很多时光。而在我健康的岁月里，从来都没有享受过这样的时光（从前我免不了会感伤失去的时间。现在不再这样想了，不再沉迷于悲伤）。过去的都已过去，未来的尚未来到；随着昨天逐渐增多，明天变得越来越少，珍惜今天就变得格外重要。每一个今天都没有彩排，都是现场直播，而且无法重播，因此把握生命中的每一个当下，用心过好每一个当下，品尝每一个当下的美好，不让无法挽回的过去扰乱了当下的美好，不让未来的愿景冲淡了当下的快乐。"

活在当下，需要强大的意志力。因为大多数人不会轻易忘记自己的过去，不管是荣誉还是伤痕。感恩也好，复仇也好,都是放不下过去的缘故。不经历一场痛彻心扉的生离死别,也许就无法解开过去心中的结,无法释怀过去的恩怨情仇。当两个人昨天吵了架,今天见了面还怒目相视就是没有活在当下,仍然活在昨天。大多数人也摆脱不了对未来的想象,尤其是一些不切实际的幻想,而没有搞明白所有美好的想象都取决于当下的认真和付出。当下的问题不能解决,不能做好,所谓的梦想也只能是幻想而已。有一天,庄子家里实在是揭不开锅了,去借米,等米下锅。他找监河侯,一个专门管水利的小官,向他借点粮食。监河侯说,你看我现在正在忙着收租子,等我把租子全部收上来,就借你300两黄金。庄子一听,就给监河侯讲了一个故事。他说:"昨天我从这个地方过,听到有人叫我,看了一下四周没人,又找了一圈,低头发现地上车辙印里面有一条小鲫鱼。小鲫鱼说:'给我点水喝好吗?只要有一升水,就能救我的命。'我说:'可以。但是我现在没有水,等我到吴越去,向吴越王请求,开通西江的水,引水回来接你回归大海怎么样?'小鲫鱼说:'等你把那么远的水调来,那时候,你到那个卖鱼干的铺子,或许还能找到我。'"说完这个故事,庄子就走了。

俗话说:"远水解不了近渴。"未来的饼再大再圆也无法解当下之饥饿。多少人为未来描绘了美好的蓝图,制定了远大的计划，却不去解决当下燃眉之急。总是心不在焉，幻想于未来，不能专注于当下之事。焦虑于明天、明年、下半生，甚至想着死后的事情。没有一天不心事重重，不在患得患失中度过。不懂得未来的好坏很大程度上取决于当下所做之事和做事的态度。

活在当下，就不要沉湎在过去的成就里沾沾自喜，那样只会让自己止步不前，无法接受与时俱进的新知识、新观点，难以提升自己的认知水平，阻碍自己的进一步发展。更不要总是在过去的失败里纠结懊悔，那样就会畏首畏尾，裹足不前，只会浪费时光，错过明天的太阳。

活在当下，就要专注于当下的每一件事。"莫问收获，但问耕耘"，方可心无杂念，全力以赴，做到最好。曾国藩说："物来顺应，未来不迎，当时不杂，既过不恋。"专注于当下所做之事，就不会沉浸在过去的痛苦里，也不会为未来的不确定性忧虑，更不会被当下的外部环境所束缚，就会全力以赴地按照自己的意志去做应该做的事。

活在当下，就要融入当下并享受当下，感受所做之事的快乐，体悟周围一切及这个世界的美好。不管在哪里，不管做什么，都跟当下的环境融为一体，一切都顺其自然。一旦进入此种意境，就会发现平时看到心烦的、熙熙攘攘的人流都变成了一道道美丽的风景线。一座座矗立的高楼大厦不再是遮挡视线的建筑物，而是成了这座城市最好的点缀。清晨的阳光愉悦了上班路上的身影，无限好的夕阳成了下班回家最好的陪伴；叽叽喳喳的小鸟的叫声成了路上伴随自己最美的音乐。每一个当下都变得可爱了、美好了。

田野里，公园里每一朵盛开的鲜花都像绽放的笑脸，不由得你驻足观看，观察它的花瓣、花蕊、花色、花叶，靠近感受它的花香。甚至会为一只停留在它上面翩翩起舞的蝴蝶而倍感欣慰；哪怕是春天里一棵刚刚发芽的小草，看它如何破土而出，如何与周围的小草共生共长；如何在阳光下变得更加嫩绿，如何在雨水中顽强生长。

融入当下的一花一木，感受其成长的欣欣向荣；融入当下的衣食住行，享受生活的点点滴滴；融入当下所做的每一件事情，触摸生命跳动的脉搏；如此，就已经完美地活在当下了。

第十五章　沉默

高山不语，智者沉默。

每个人都有一张嘴，嘴的功能主要有两个，吃饭和说话。饭吃多了消化不良，话说多了麻烦不断。话多易出错，嘴快易惹祸。老子说："大音希声，大象无形。"真正的大智大慧者常常谨言慎行，适时保持沉默。

祸从口出、言多必失是从实践中得出的经验之谈。有这样一个寓言故事：有一头牛，耕地之后回到了牛棚里。躺在牛棚里说了一句话："今天太累了，明天想休息一天。"这话让猫听到了，猫回头就告诉了狗。猫说："主人对牛太过分了，给牛那么多的活，它可能不想干了。"狗听到这话就告诉羊。狗说："牛可能明天想辞职，因为工作太累了。"羊听完之后又告诉了猪。羊说："牛明天肯定是要辞职的，它说工作特别累，而且主人还总是拿皮鞭去抽打它。"到了晚上，猪在吃食的时候，就告诉了喂食的妇

开悟篇

人。猪说:"明天牛辞职,说别人家的主人比你们好,你不给饭吃,还总抽打它。"结果妇人听了之后,回去就告诉了主人。妇人说:"牛想背叛你,你怎么办?"主人说:"那我把它杀了。"牛从头到尾谁都没得罪,而且没说一句过分的话,结果却招来了杀身之祸。言者无意,听者有心。本来是一个蚊子大小的事,经过好事者一传十、十传百夸大后,最后被说成了一头大象,以至于死到临头还不知原因,谨言慎行的重要性可见一斑。

守嘴方不会招致祸患。管住自己的嘴,不要轻易抱怨。否则不仅于事无补,还容易招来意想不到的麻烦,这样的悲剧不仅仅发生在寓言故事里,现实中更甚。北周将领贺若敦因屡立战功却没能成为大将军,当着朝廷使者的面抱怨。结果被执掌国政的晋王宇文护知晓后杀害。临终前对儿子说:"我今天的下场全是这张嘴惹的祸,你今后千万不要乱说话。"之后仍不放心,让儿子伸出舌头,一锥子扎下去,鲜血淋漓。再次叮嘱"一定要慎言,慎言"。说话虽然张口就来,毫不费力,但不当之话却能杀人于无形之中。

不要天真地认为某个人会替你保守秘密。本杰明·富兰克林说:"三个人也能保守秘密,前提是其中两个已经死掉了。"

日常生活中,虽然没有这么严重的后果,但也是伤害感情的利剑。特别是在气头上说出去的狠话、绝情的话，不管事后如何解释、道歉，都于事无补，都会成为彼此的心结。因为说出去的话如同泼出去的水，是收不回来的，所谓覆水难收。就如同钉在树上的钉子，尽管可以再拔出来，但伤痕却会永远留在那里。曾国藩说："群处守口，独处守心。"告诉我们，跟他人相处时懂得点到为止，切勿在无意中用语言伤害了他人；独处时多多反省自己，守住内心的准则。不说大话、狂话，以免给别有用心之人留下口实，招致麻烦。静坐常思自己过，闲谈莫论他人非。只有少言才是智慧，止语才是积德。

美国作家海明威说："我们花了两年学会说话，却要花上十六年学会闭嘴。"一则流传已久的来自流浪汉跟菩萨的故事：有一个流浪汉，走进寺庙，看到菩萨坐在莲花台上众人膜拜，非常羡慕。流浪汉问："我可以和你换一下吗？"菩萨说："可以，只要你不开口。"流浪汉坐上了莲花台。他的眼前整天嘈杂纷乱，要求者众多，他始终忍着没开口。

一日，来了个富翁。富翁求菩萨赐给他美德。富翁磕头，起身，他的钱包掉在了地下。流浪汉刚想开口提醒，他想起了菩萨的话。

富翁走后，来了个穷人。穷人说："求菩萨赐给我金钱。家里人病重，急需钱啊。"磕头，起身，他看到了一个钱包在地上。穷人想菩萨真显灵了，他拿起钱包就走。流浪汉想开口说，不是显灵，那是人家丢的东西，可是他想起了菩萨的话。

这时，进来了一个渔民。渔民说："求菩萨赐我安全，出海没有风浪。"磕头，起身，他刚要走，却被返回的富翁揪住。富翁为了钱包，与渔民扭打起来。富翁认为是渔民捡走了钱包，而渔民觉得受了冤枉无法忍受。流浪汉再也看不下去了，他大喊一声："住手！"把一切真相告诉了他们，一场纠纷平息了。"你觉得这样很正确吗？"菩萨说："你还是去做流浪汉吧。你以为自己很公道，但是，穷人因此没有得到那笔救命钱；富人没有修来好德行，渔夫出海赶上了风浪葬身海底，要是你不开口，穷人的家人命有救了；富人损失了一点钱，但帮了别人，积了德；而渔夫因为纠缠无法上船，躲过了风雨，至今还活着。"

流浪汉默默地离开了寺院……

一切都是最好的安排。修好自己的心，才能管好自己的嘴。有些事顺其自然地发生也许会更好，不要逞口舌之快，恣意干涉。但总有一些人自以为是，以所谓的"主持公道"或为了他人好，去干预他人，结果往往会适得其反。

鲁迅说："唯沉默是最高的轻蔑。"当不小心被一块石头绊倒，对着石头破口大骂，除了让自己更加生气外不会有任何收获，因为石头选择的是沉默和无动于衷。现实中当面对他人的吼叫和歇斯底里时，沉默或许是最好的选择，尤其是对那些素质低下的人。"口者，心之门户。"话一出口，自身有无教养，思想深刻还是肤浅，都会表现出来，所谓"言为心声"，滔滔不绝的说辞，口若悬河的雄辩，除了让自己感到无趣和无奈外，一无所得，因为这一切在沉默者面前都显得苍白无力。

看破说破是逞口舌之快的人惹祸上身的主要原因，尤其是对上司的心思及意图，轻者引起上司的反感，重者会被炒鱿鱼或引来杀身之祸。三国时的杨修就是一个例子：曹操生性多疑，常恐别人暗中加害于他，所以常对侍从说："吾梦中好杀人；凡我睡着，汝等切勿近前。"一日，曹操昼寝于帐中，翻身时被子掉落于地，一近侍拾被欲盖，曹操突然跃起拔剑杀之，复上床睡。半晌醒来，惊讶道："谁人杀我近侍？"其他近侍以实相告，曹操痛哭，命人厚葬。众人皆以为曹操果真梦中杀人，唯行军主簿杨修明白曹操之意，说："丞相非在梦中，而是汝等在梦中也。"自作聪明的杨修就因为看破说破，最终被曹操找个借口杀掉了。

看破不说破是沉默者的修行。知人不评人是对他人的尊重，也是善解人意的表现。不管是面对他人窘迫的处境，还是自以为是的表现，都要为对方保留一份尊严。

有个男孩因为家境贫穷,上学时只拿一个空饭盒,同学们吃饭时,他就到一个别人看不见的地方去喝水,等同学们吃完饭的时候再回来。有一天,当他再次拿出饭盒来时,发现里面装满了饭。原来同学们知道了他的情况,就趁他不注意时把食物放在了他的饭盒里。既帮助了他,又维护了他的尊严。给他人保留尊严,彰显的是自己的修行,更是对他人悄无声息的善良。"多言数穷,不如守中。"无论何时何地都是让人受益的金玉良言。

沉默不是不说话,而是说出的每一句话都有它的价值所在。学诚法师说:"当你要开口说话时,你所说的话必须比你的沉默更有价值才行。"大话看上去显得自己很有本事,但如果说了做不到,日后就会失信于人;官话听上去冠冕堂皇,但谁都知道是言不由衷的套话;气话可能会让自己一时觉得很解气,但却在不知不觉中得罪了人,甚至埋下了隐患。沉默是在把握好契机的情况下更好地说话,而不是不分场合、不分对象地随心所欲,更不是胡说八道。战国时期著名政治家、思想家淳于髡在被魏惠王召见时,面对魏惠王提出的三个问题都没有吱声。第二天再次被魏惠王召见时仍旧一言不发。后来朋友问其缘由,他说:"第一次召见我时,恰好有人刚送来一匹好马,他巴不得我早点离开去看马,哪有心思听我说话?第二次召见我时,宫里有场表演马上就要开始了,大王正急着要去看,我的沉默不正好成全了他吗!"魏惠王听说后大惊:"他能适时洞察我的心思,真是不可多得的人才啊!"后来再次召见时两个人促膝长谈了三天三夜。该沉默时选择闭口,是为了时机合适时更好地畅谈。

无所不知的高谈阔论,空洞乏味的夸夸其谈,常常令人讨厌。古希腊哲学家苏格拉底非常擅长演说,有不少年轻人慕名来向他求教演讲艺术。

一天,有一位认为自己演讲技巧已经十分精湛的青年来访,他听说苏格拉底非常有名,特意前来请教。青年为了表示自己有好口才,滔滔不绝地讲了很多话。苏格拉底等他说完以后,让他交了双倍的学费。青年惊诧不已,询问原因。苏格拉底答道:"因为我除了要教你讲话以外,还要教你如何闭嘴。"

《礼记》说:"水深则流缓,人贵则语迟。"深处的水总是缓慢流动,高贵的人总是三思而后行。人急则失智,意思是人急了容易失去理智,该说的不该说的都会一股脑儿地说出来,从而让自己事后后悔不已。"良言一句三冬暖,恶语伤人六月寒。"同样是说话,效果却截然相反。当觉得说什么都不合适时,最好是沉默。沉默不是胆怯,而是用脑子说话。纪伯伦①说:"虽然言语的波浪永远在我们上面喧哗,而我们的深处却永远是沉默的。"

沉默是一种思考,一种修养;是不卑不亢,冷静沉着;是不鸣则已,一鸣惊人的蓄势待发。

大山默默无闻,但不影响其高纵入云;大海从不炫耀,但不影响其容纳百川;大地不卑不亢,但不影响其承载万物。

---

① 纪伯伦·哈利勒·纪伯伦(1883年1月6日—1931年4月10日),黎巴嫩裔美国诗人、画家。代表作《泪与笑》《先知》《沙与沫》等。

第十六章　傲慢

傲慢是无知的代名词，祸患的发源地。

《现代汉语词典》对傲慢的解释是一种精神状态，有自高自大、目空一切的意思，主要是指人的态度、表情、举止，含有对人不敬重，看不起人的意思。"傲慢、嫉妒、暴怒、懒惰、贪婪、暴食、色欲"被称为七宗罪。自古以来，傲慢之人通常会为自己的傲慢付出代价。

傲慢是祸患的始作俑者。居上而骄则亡，为下而乱则刑，在丑而争则兵。意思是居上位骄傲就会灭亡，在下位作乱就会招致刑罚，在众人之中争斗就会兵刃加身。三国时期的关羽在镇守荆州之时，蔑视东吴，不仅违背了诸葛亮定下的"东和孙权，北拒曹操"的联吴抗曹方针，还在吴王孙权派人说媒准备让自己的儿子娶他的女儿为妻，双方联姻时说"虎女焉能嫁犬子"。一句傲慢的话毁掉了孙刘联盟的大业，也让自己失掉了荆州，兵败麦城身亡。为他的傲慢和狂妄,付出了惨重的代价。莎士比亚说:"一个骄傲的人,结果总是在骄傲里毁灭了自己。"人一旦开始傲慢,就会目空一切,刚愎自用,一意孤行,甚至铤而走险,最终导致失败或者走上不归路。正如一句古老的谚语说的那样:"神阻挡骄傲的人,慈恩给谦卑的人。"

傲慢源于虚荣心作祟,特别是对于那些身居高位的人来说更是如此。给傲慢的居于高位的人提建议,不管是否是合理化的建议都是一件有风险的事,特别是当众提建议,风险偏高,因为这会影响到他的虚荣心。在著名的官渡之战前,袁绍的谋士田丰建议袁绍采取休养生息的政策,不要向曹操发动进攻,否则可能会导致失败。袁绍不仅没有采纳田丰的建议,反而以扰乱军心的罪名将其打入狱中。在官渡之战失败后,看押田丰的狱卒对他说,官渡之战失败了,你以后肯定会得到重用的。田丰回答说:"如果官渡之战胜利了,袁绍为了显示他的英明,会留我一条命。如果失败了,肯定会杀我。"不久,袁绍就派人到监狱杀害了田丰。袁绍之所以杀害提出正确建议的田丰,就是傲慢之心的缘故,觉得田丰让他丢了面子,脸上挂不住,以后无法面对他。傲慢的上司只会为自己的面子着想,不会为自己的错误买单,考虑的不是建议的正确与否,而是自己的尊严。

傲慢百害而无一益。王阳明说:"人生大病,只是一个'傲'字。为子而傲必不孝,为臣而傲必不忠,为夫而傲必不慈,为友而傲必不信。"陌生人面前的傲慢,除了让人敬而远之,毫无意义;同事面前的傲慢,只会让自己陷于更加孤立的处境;亲朋好友面前的傲慢,只会让这份亲情和友情越来越淡化。傲慢助长了虚荣心,不仅让人盲目自大,听不进他人的良言相劝,还会引来嫉妒心,嫉妒比自己优秀的人,心胸变得极其狭隘。更会导致许多不良品行,与良好的品德渐行渐远。

骄傲可能存在于每一个人的人性中,只是有的人能意识到这一点并保持高度清醒。有的人则不能,特别是有点成就或资本就喜欢炫耀的人,稍不注意就会滋生傲慢之心,贤德之人常怀敬畏之心。孔子说:"君子有三畏:畏天命,畏大人,畏圣人之言。"这里说的"畏天命"主要是敬畏大自然、敬畏客观规律,所谓"天地有定律,四季有成规,万物有法则"。"畏大人"是敬畏品行端正、品德高尚之人。"畏圣人之言"是敬畏圣人的教诲。古语"畏则不敢肆而德以成,无畏则从其所欲而及于祸",有所畏惧则不敢放肆,才得以修养德行;无所畏惧则任性纵欲,必定招致灾祸。自古圣贤之人时常自我反省,通常不会有傲慢之心。孔子说:"三人行,必有我师焉。"苏格拉底说:"我唯一知道的就是我一无所知。"既表现出了他们的谦逊之心，更反映出了他们对知识、对智慧的敬畏之心。

傲慢之心一旦滋生，不仅容易偏执和愤怒，也会不自觉地将智慧之门关闭，不能广开言路，博采众长。正如曾国藩所言："天下古今之人才，皆以一傲字致败。"因为傲慢能障蔽自己的双眼，既看不见别人的优点，更看不见自己的缺点。本来可以有一番成就，就因为阻塞了智慧的通道，固执己见，导致功亏一篑。力拔山兮气盖世的霸王项羽；推翻明王朝，一度建立了"大顺"政权的闯王李自成皆是前车之鉴。常怀敬畏之心的人，也许并不是那么聪明绝顶，就因为能放低身段，知人善任，集思广益，才有了一番成就。从一无所有的平民百姓到建立西汉政权的刘邦，开创"贞观之治"的唐太宗李世民皆是谦虚、纳谏如流的楷模。

其实现实生活中真正有骄傲资本的人，反而谦虚平和，待人接物没有任何傲慢之处。京剧大师梅兰芳在京剧艺术上有很深的造诣，一次他在演出京剧《杀惜》时，观众一片喝彩叫好，但有个老年观众却说"不好"。梅兰芳没有卸妆更衣就把老人用专车接到家中。恭恭敬敬地说："说我不好的人，是我的老师。先生说我不好，必有高见，定请赐教，学生决心亡羊补牢。"老人指出："阎惜娇上楼和下楼的台步，按梨园规定，应是上七下八，博士为何八上八下?"梅兰芳恍然大悟,连声称谢。以后梅兰芳经常请这位老先生看他演戏,请他指正,并称他为老师。

被称为"美国之父"的富兰克林年轻的时候,被一位老前辈请到一座低矮的小茅屋中见面。富兰克林挺胸抬头,大步流星,一进门,"砰"的一声将额头重重地撞在门框上,顿时肿了起来。老前辈看到他这个样子,笑了笑说:"很疼吧?你知道吗?这是你今天最大的收获。一个人想要洞察世事,练达人情,就必须时刻记住低头。"富兰克林记住了前辈的教导,并把谦虚列为他一生的准则。

周国平说:"大骄傲往往谦逊平和,只有小骄傲才露出一副不可一世的傲慢脸相。有巨大优越感的人,必定也有包容万物、宽待众生的胸怀……高贵的骄傲,是面对他人的权势、财富或任何长处不卑不亢,也有高贵的谦卑,便是不因自己的权势、财富或任何长处傲视他人,它们是相通的。同样,有低贱的骄傲,便是凭借自己的权势、财富或任何长处趾高气扬,也有低贱的谦卑,便是面对他人的权势、财富或任何长处奴颜婢膝,它们也是相通的。"

因为无知,所以傲慢。傲慢就是因为孤陋寡闻,缺乏见识,不知道人外有人,天外有天,总认为自己最厉害，不懂天道轮回。须知这个世界上没有什么是永恒的，一切都在发展变化中，风水轮流转，正所谓"十年河东，十年河西。"今天被你傲慢的人，明天可能就是终结你傲慢的人。不懂是非成败转头空，当下所引以为傲的一切，权利、财富、名声、才华、美貌等，只是暂时寄存在你这里而已，终究会离自己而去。倘若任傲慢之心泛滥，终将自食其果。

日常生活中如何克服以自我为中心的傲慢意识？王阳明说："要体此人心本是天然之理，精精明明，无致介染着，只是一无我而已；胸中且不可有，有即傲也。古先圣人许多好处，也只是无我而已，无我自能谦。谦者众善之基，傲者众恶之魁。"意思是人心的本来状态就是天然的，清虚灵明，没有丝毫的污染，只是一个"无我"的境界而已。所以心中千万不能"有我"，有自我的执着就是傲慢。古代圣人的许多优点，也只是"无我"而已。无我，就是要承认自己只是一个普通人，正视自己的不足和短处，修行终身，保持谦虚谨慎的心态。谦虚谨慎是一切优良品格的基础，而傲慢自大是所有不良习气的魁首。因此一个人若要提防自己的傲慢之心，就要时时学习，勤于修行，达到"无我"的境界。

"我慢高山，不存功德之水。"傲慢充斥内心，内心便积累不了任何功德。常怀敬畏之心，方可放下身段，虚心学习他人之所长，补自己之所短，减少自己的无知；常怀感恩之心，方可融入众生之中，放下我慢我执，感恩周围的一切；常怀慈悲之心，方可善待他人，慈悲众生，升华自我。

开悟篇

第十七章　谦卑

认知越高的人越谦卑，认知越低的人越傲慢。

谁也不可能知道宇宙的全部真相，世事的一切风云变幻。真正智慧之人一生都会保持谦卑和敬畏的心态。《易经》曰："谦谦君子，卑以自牧。"意即以谦卑自守，以谦卑的姿态守住低处，则为大吉。品德高尚之人，总是谦恭有礼，功高不自居、名高不自誉、位高不自傲。

谦卑的人知进退、懂取舍，深知弯腰是为了保身立命，低头是为了更好地等待机会、把控时局。尤其是在实力弱小的时候，收敛锋芒，韬光养晦；看似懦弱，实则是保存实力，养精蓄锐。司马懿在曹爽等曹氏权贵企图陷害除掉自己时，装病不起，瞒过对手，几年后一举推翻了曹魏政权。在遇到好勇斗狠，逞强好胜之人时懂得退让，不是胆怯，是不值得计较，是一种宽怀和大度。韩信在未得志时路遇无赖，不是拔刀相向，而是选择了忍受胯下之辱。与其说是对对手的畏惧，不如说是对自己智商的尊重，是自我保护的智慧。老子说："吾闻之，良贾深藏若虚，君子盛德，容貌若愚。去子之骄气与多欲，态色与淫志，是皆无益于子之身。吾所以告之，若是而已。"真正有钱之人财不外露，贵不独行；真正德行高深之君子，不打诳语，虚怀若谷。

谦卑的人之所以谦卑是因为站得高看得远，更容易清醒地认识自己及他人，不会好高骛远，所求更能接地气。晚清名臣左宗棠有一副对联："发上等愿，结中等缘，享下等福；择高处立，就平处坐，向宽处行。"志向须高远，缘分但求中等，福气普通就好；看问题须高瞻远瞩，待人须谦逊温和，接物须留有余地。这样的人在生活的每一个细节里处处体现着自己的涵养。恪守中庸之道，尽人事，听天命，只求尽心，不求十全十美。虽立志高远，但为人低调，凡事留余。对自己有一个清醒的认知，常常能达成心愿，逢凶化吉。

越是谦卑的人，越容易发现自己的无知，上进心也就越强，成就越大。曾国藩说："谦卑含容是贵相。"越谦卑，越高贵。谦卑是一种人格魅力，是一种根植于内心深处的修养，是历经风霜雪雨后的自我沉淀。谦卑不会让人显得低贱，只有虚荣的人才这么认为。任何时候的炫耀都是俗不可耐的低级暴露。达尔文说："无知比博学更容易产生自信。"认知越低的人,越容易高估自己,越会到处炫耀。因为他们只会看到自己微不足道的优越性,却看不到自己的无知和局限。真正见多识广、博学多才之人反而谦卑平和,虚心待人,因为他们知道自己所拥有和掌握的那点东西,在浩瀚未知的宇宙面前如蜉蝣、如尘埃一样微不足道。古希腊著名哲学家苏格拉底才华横溢,智慧超群,被神谕称为全希腊最智慧的人,但他却说:"我唯一知道的就是一无所知。"被称为"力学之父"的伟大科学家牛顿说:"如果我见得比笛卡尔要远一点,那是因为我站在巨人的肩膀上。"并谦虚地说,"我只像一个在海滨玩耍的小孩子,有时很高兴地拾到一颗光滑美丽的石子儿,真理的大海还没有发现。"音乐大师贝多芬说:"只学会了几个音符。"科学巨匠爱因斯坦说自己"真像小孩一样幼稚"。一代大师徐悲鸿在一次画展时,一位农民上前对他说:"您这幅画里的鸭子画错了。您画的是麻鸭,麻鸭尾巴哪有这么长的?"农民告诉徐悲鸿,雄麻鸭羽毛鲜艳,有的尾巴卷曲;雌麻鸭的毛为麻褐色,尾巴是很短的。徐悲鸿虚心接受,并向这位农民表达了深深的谢意。伟人之所以是伟人,不仅仅是因为他们超人的智慧,更是因为他们对自己的局限性、对未知领域有着清醒的认识,能时时保持谦卑和敬畏。

　　谦卑的人大多心胸宽阔,能包容一切。日常交往中懂得尊重他人，实际就是尊重自己。不会自以为是，更不会觉得高人一等，动辄凌驾于他人之上。知道每一个人都是独立的个体，都有其独特的生存价值，会尊重每一个人的个性。仓央嘉措说："对人恭敬其实是在尊重你自己。"浮躁的社会里，谦卑之心可以让一个人在强权面前不卑不亢，在弱小者面前谦恭有礼，避免很多不必要的争端和无谓的牺牲。既不会仰视权贵，也不会鄙视弱小者。尊重并体谅风里来雨里去的快递小哥，不会因为其迟到一会儿就居高临下地加以斥责，更不会随意给人家差评。懂得保安人员忠于职守的责任，不会因为开个豪车在停车时就横冲直撞，颐指气使。不管从事什么职业，每个人都有自尊心，伤害了别人的自尊心，就容易导致别人的反感甚至悲剧的发生。无论有多大成就，多高地位，多么富有，都会心存敬畏，谦卑低调。《马太福音》说："凡自己谦卑像小孩子的，他在天国里就是最大的。"自我变小，则不怨；自我平凡，则谦守。越是品德高尚之人，越是谦卑，正所谓"精神到处文章老，学问深时意气平"。

　　谦卑是自知之明的体现。法国思想家蒙田说："认识自己的无知是认识世界的最可靠的方法。"他认为对于人最重要的不是认识自然，征服自然，而是希腊阿波罗神庙的那句箴言"认识你自己"。只有认识了自己，才会真

开悟篇

正思考"我是谁？我知道什么？不知道什么？"知道自己是谁，才会对人有谦卑心，对事有敬畏心，处处有包容心、感恩心。知道自己的认知范围才会明白自己知道的仅仅是圆圈内有限的东西，对圆圈外无限的东西一无所知。才能正视自身的局限性，容纳他人不同的意见和建议，头脑更趋理性，更加谦卑，才能清醒地认识到自己的弱项和不足，积极探索自己所不知的，虚心聆听他人的教诲，日日精进，不断提高自己的认知，完善自我，从而更加有智慧，看得更高，走得更远。一个自以为智慧的人总觉得自己无所不知，看到了巴掌大的天就以为看到了宇宙，便不会再去追求智慧。越是狂妄之人越容易故步自封，离智慧越远。德不配位，必有灾殃；才不堪任，必遭其累。

　　谦卑是尊重他人，也是赢得他人尊重的开始。萧伯纳在苏联游历时遇到了一个聪明可爱的小女孩，两人玩了很久。临别时他跟小女孩说："回家后如果你妈妈问你今天跟谁在一起玩，你就告诉她是跟当今世界上最知名的作家，诺贝尔文学奖获得者萧伯纳玩的。"小姑娘回答说："请回去告诉你的夫人及孩子们，今天和你玩的是苏联姑娘娜达莎！她既聪明又可爱，比你年轻、灵活多了。"萧伯纳后来跟朋友说："她说的一点没错，一个人不论取得多大的成绩，都应该以平等的眼光和心态去对待别人，因为任何一点的趾高气扬和自以为是都可能引来别人的反感。我今后一定要保持谦虚和谨慎，这个叫娜达莎的小姑娘，给我这个七十多岁的老头，上了一堂重要的人生课，我一辈子都不会忘记这一课。"《曾国藩家书》说："家败离不得个奢字，人败离不得个逸字，讨人嫌离不得个骄字。"不论身份多高贵，名声多显赫，成就多卓著，一旦开始居功自傲，目中无人，就不会赢得他人内心真诚的尊重。

上善若水，谦卑从流。位高权重时，懂得纳谏如流，周听不蔽，方可聚贤纳才，成就伟业。刘邦兼听则明，纳张良之谋，终成帝业；项羽刚愎自用，不听范增之言，乌江自刎。唐太宗胸怀宽广，容魏徵直言犯谏，开创贞观之治的盛世；苻坚固执己见，不听王猛之劝，兵败肥水。古今之大成者，大都谦卑虚心，既有取他人之长补己之短的虚怀若谷，又有容他人不同见解的宽广胸怀，海纳百川，有容乃大。

谦卑是成熟。饱满的稻谷之所以弯着腰是因为成熟，智者之所以放低身段是因为韧性和睿智，是历经沧桑后的真正成熟。所谓大智者必谦和，大善者必宽容。水低方能纳百川成大海，人低方能有容成气候。

开悟篇

第十八章　谎言

每一个谎言都是那个时代，掩盖真相的产物。

据说很久以前，真实和谎言去河边洗澡，先上岸的谎言，穿上了真实的衣服却怎么也不愿意脱下。固执的真实更不愿意穿上谎言的衣服，只好赤裸裸地跑回家。从此，在人们的眼里，只有穿着真实衣服的谎言，却怎么也容不下赤裸裸的真实。

当历史被谎言掩盖或篡改并流传下来，人们只能看到穿着谎言的历史，而看不到真实的历史。三国中的曹丕在其父曹操面前拒不承认其弟曹冲是自己所害。尽管曹操知道是曹丕所害，心里却不希望曹丕承认。因为他更愿意看到一个如他一样坚持己见，拒不认错的曹丕，才符合其接班人的要求，所以曹丕在曹操死后得以顺利接班。培根说："人们喜爱谎言，不仅因为害怕查明真相的艰难困苦，而且因为他们对谎言本身具有一种自然却腐朽的爱好。"世人嘴上都说不喜欢说谎的人，但内心却不诚实。古代的皇帝，总喜欢群臣喊他"万岁"，尽管他知道自己不可能活到一万岁，却愿意享受在这种每日的谎言中。就如现在有些女性都喜欢别人喊她"美女"，尽管有的长相确实跟这个美字挂不上钩，但如果不这么喊，她就不高兴。

　　人们在很多时候宁愿相信谎言，宁愿先把自己骗了。鲁迅的《立论》里有一个故事：一家人生了个男孩，客人都来祝贺。一个说："这孩子将来要发财的。"他得到了感谢。另一个说："这孩子将来要死的。"被大家合力痛打。说发财的是谎言，但得到好报；说要死的是必然，但遭到痛打，尽管将来肯定会死，因为这是人的必然归宿。日常生活中，人们大都愿意听信谎言。当男女结婚时，人们大多会说"恩爱一生，白头偕老"之类的祝福，没有人会说将来也有离婚的可能，尽管在离婚率居高不下的今天这种概率很高。老子说："信言不美，美言不信。"真实可信的话不漂亮，漂亮的话不真实。实话实说的人大多数情况下不受人待见，因为人们判断事物的标准大多是根据自己的好恶，而不是真理，更何况人性里总有渴望被别人欣赏和肯定的本能需求。

　　德国哲学家赫尔巴特说："相信谎言的人必将在真理之前毁灭。"当年的秦武王力大无穷，总喜欢跟别人比谁的力气大,因为他是大王,别人都假装比不过他,说他是天下第一大力士,结果他真的以为自己天下无敌,后来在举鼎的时候,被鼎当场砸死。当一个人每天都被别人的谎言包围着,尤其是有一定地位的人,习惯了夸张、奉承之类的谎言时,就会误以为自己真的很厉害,很伟大,忽视了很多时候其实是自己所在平台成全了自己。《乔家大院》里的孙茂才为乔家做出了重大贡献,后来因私欲太重被乔家赶出家门,欲投奔到对手钱家,钱家人对他说:"不是你成就了乔家的生意,而是乔家的生意成就了你。"孙茂才最终陷于落魄。很多职场人士在位时春风得意,认为自己本事很大,直到离位落魄到凄惨的境地时才发现,是自己高估了自己的能力和影响力,忽视了平台的重要性。

谎言之所以是谎言,就是因为它是虚假的、不真实的、骗人的。当一个人有意无意地总是将谎言挂在嘴边的时候,注定会有一天为此付出代价。就如同大家耳熟能详的那个"狼来了"的故事,当那个为了寻求刺激的孩子天天在山上喊着"狼来了"时,人们习惯了他的谎言。当狼真的来了时,便再也不会有人相信,更不会有人来救他,不得不为自己的谎言付出了生命的代价。一两次的谎言或许能使人相信,无数次的谎言只能让人敬而远之。谎言透支的是自己的信用,当被戳穿之日,也就是被周围人抛弃之时，因为没有人愿意接受这种被愚弄和欺骗的感觉。

不得不说，特殊情况下有时候谎言也是一种生存的需求。特别是在位高权重之人面前实话实说，往往招致祸端，因为实话可能会让他觉得丢了面子，谎言会让他听着舒服，有面子。妲己说谎被商纣王宠幸，比干直言敢谏被挖心肝；靳尚说谎被楚国顷襄王信任，屈原直言利害被流放。一方面人们明知是谎言，但却依然选择相信，就是因为满足了自己的虚荣心，再就是人们凡事总往好的方面想，不愿意面对可能的坏的方面，因此如果全盘否认谎言的存在就很难被这个世界所容纳。

有一种谎言叫最真实的谎言，不仅把别人骗了，也把自己骗了。一位石油大亨来到天堂门口，但里面已经住满了开采石油的业主，没有了自己的位子；于是对着里面大喊："地狱发现石油了！"天堂里的业主纷纷跳入地狱。于是大亨进入了空无一人的天堂。心想：是不是地狱里真发现了石油，于是他也跟着跳进了地狱。当说谎成性时，自己也会不知不觉地陷进自己编造的谎言里，欺骗的不仅是他人，自己也会沦为自己谎言的牺牲品。

谎言也有善意和恶意之分，善意的谎言并不违背诚实的道德。北宋学者胡瑗说："当真情告白坦率无忌是一种伤害，我选择谎言致天下之治者在人才，成天下之才者在教化。"有个小女孩养的一只猫死了,她很难过,这时她的妈妈对她说:"小猫并没有死,它去了它妈妈那里,那儿还有它爱吃的鱼。"小女孩停止了哭泣,不再难过。治病救人的医生是否可以对身患绝症的病人说实话,如果实话实说,对于精神脆弱的病人可能会加快其死亡的速度。善良的医生不会跟法官宣判犯人死刑一样跟病人说"你还能活多少天"之类的话,而是用善意的谎言把病情说得轻描淡写,让病人对治疗充满信心和希望,使病人的状态好转,在平和的心境中走完最后的时光。

一诺千金的保证必须落到践行中才是信誉和诚实的体现。人与人之间需要坦诚相见,而这种坦诚相见必须在一个诚实的环境里才更加有效。为了不使这种骗己骗人的谎言发生,从一开始就要避免。儒家学派的代表、思想家曾子就是这方面的楷模。曾子的妻子为了去集市,让儿子在家玩,就对儿子说:"你在家等着,我回来后给你杀猪吃。"但她回来后并没有兑现自己的诺言。曾子认为这属于说谎,会失去孩子对父母的信任,孩子长大后也可能会去说谎欺骗别人,因此就把猪杀了给孩子吃。诚实的环境造就诚实的人。当恶意的谎言没有了滋生的土壤,谎言之花自然也就无处可开。

喧哗浮躁的世界,根深蒂固的人性,既要杜绝恶意的谎言,也要容纳善意的谎言,二者没有明确的界限。

正如浅井岚伊在《信任与谎言》中说的：谎言总是建立于信任之上，而信任总是需要包容谎言。信任不代表不会欺骗，谎言也不一定不会成为真相，人类总是挣扎在信任与谎言的沼泽中。为了理所应当的原因而深陷其中。这，就是人与人之间的关系。

开悟篇

第十九章　客观

客观真实存在，但距离我们似乎有点遥远。

　　客观是指不依赖主观意识而实实在在存在的事物，也指按照事物本来的面目去考察定义，不带有个人的偏见。这看上去很简单，事物是什么样子就是什么样子。但马可·奥勒留说："我们听到的一切都是一个观点，不是事实。我们看见的一切都是一个视角，不是真相。"因为现实中秉持客观态度是很难做到的。一方面受制于人认知的局限性；另一方面受制于人性中的弱点，或者按自己的主观意识行事，或者倾向于一边倒的从众心理，难以保持独立的客观态度。

　　认知的局限性限制了判断事物的客观能力。认知层次不同，就会对同一事物做出不同的结论，也就注定了看到的只能是冰山一角。如盲人摸象的故事：摸到象鼻子的人说，大象长得像一根又粗又长的管子；摸到象耳朵的人说，大象长得像簸箕；摸到象腿的人说，大象长得像一根柱子；摸到象身的人说，大象犹如一堵厚实的墙；摸到象牙的人说，大象长得像一根大萝卜；摸到象尾巴的人说，大象又细又长，仿佛一根绳子。对同一事物从不同的角度观察得出不同结论的情况，主要是受制于每个人所处的环境、所受的教育及所拥有的认知决定的。现实中以偏概全、以点概面，仅凭对皮毛的了解就对整个事物下结论的人大有人在。他们或依据自己的专业知识，或依据自己过往的经验，对专业知识或经验不曾涉及的不是虚心学习，而是轻易就下结论，或者直接否定。有的人一生只见过白天鹅，从未见过黑天鹅就否认黑天鹅的存在。有的人总是拿着满脑子僵化的，过期的知识，来拒绝和否定新事物或自己未知的东西。一个人几十年的生命中所获得的知识相对于无限的宇宙来说实在微不足道，人类未知的领域实在太多太多。不要以为上了几年学，读了几本书，懂得了某一专业内的一些知识，就以为自己博学多识，精通古今；更不要觉得自己比别人多活了几年，有了一些经历，就以为自己见多识广，无所不知，倚老卖老。不能正确认识自己，就不能客观认识世界；正确认识自己是正确认识客观世界的前提。

　　一个人只有时时保持敬畏之心、谦卑之心，才有可能发现事物的真谛。懂宇宙之浩大，方知自己之渺小；懂知识之无涯，生命之有涯，方知自己所知之甚少。很

开悟篇

多人仅仅在枝枝叶叶间懂得了一些表面上的零星碎片,就拿来炫耀并对他人指指点点。知识是术,文化是道。只有将知识转化为智慧,才能引领生命的内在,体现出生命的价值。正所谓"有道无术,术尚可求;有术无道止于术"。我们平时看到有些人喜欢夸夸其谈,跟你讲什么层次格局,看起来上知天文下知地理,古今中外没有他不知道的事,没有他不了解的人,表面上总是给人高大上的感觉。当看看他糟糕的处境,半生已过却无任何成就可言时,才明白不过是纸上谈兵的假大空,图口舌之快而已。真正有文化,有层次,有格局的人不会刻意显摆,而是直接拿结果说话,如"玻璃大王"曹德旺。他因家境贫寒,初中没有毕业,却成为世界"玻璃大王"。有人讥笑他没文化时,他说:"学历高,只能代表你有知识,不管你学的是会计、计算机、机械设计或其他各类专业,这都是术;而文化是道,是生活的长期积累沉淀,以及沉淀后的领悟;是一种修行、修炼、经验的积累,当然也需要技术专业的支持。"

古今集大成者,有高学历,专业水准高的人,但也不乏低学历,无专业优势者。刘备文不如诸葛亮,武不如关羽、张飞,却成为蜀国的开国皇帝。刘邦文不如张良,武不如韩信,却开创了大汉基业。正是因为看到了自身的不足,才放下身段,虚心学习,广揽人才,海纳百川,利用他人之所长为己所用，最终成就一番伟业。专业水平高的人，也许正是觉得自己水平高，再也无法补充新鲜的知识，容纳他人之所长和建议，反而成了自己前进道路上的桎梏。项羽总是仗着自己力大无穷，武功高强，无法放低身段，容纳各类人才，认为凭一己之力足矣；最终导致兵败乌江自刎，将最初的优势变为劣势，输给了刘邦。现实中专业水平高的的人可能会成为辅佐一方的打工皇帝，但很难成为时代的伟大企业家。

没有一定的认知高度，就不能对事物做出全面客观的判断。只有站得足够高，才能对事物有一个系统全面的分析。站在十楼跟站在一楼看到的东西不同，站在山顶跟站在山脚看到的风景不同，坐在飞机上跟坐在汽车上看到的物体不同。高度跟事物的真相呈正向关系，高度越高，越能接近事物的真相。而要达到一定的高度就要不断地学习。能客观认识世界的人或者通过博览群书开阔视野、放大格局，提高自身修养；或者通过行万里路在实践中丰富阅历，增长见识，积累经验，总结教训，让自己的境界达到了一定的高度。一个人一旦失去了学习的能力，也就失去了判断事物客观性的能力。只有持续不断地学习，方可透过事物的表象，洞悉事物的本质。客观认识世界的同时反过来也能客观认识自己。知道自己懂什么，不懂什么；优势是什么，短板是什么；才会知道自己能做什么，不能做什么，而不是总觉得自己什么都懂什么都能做。只有突破自我认知，有自己独到的见解，才不会人云亦云，做生活的盲人；才能站在清醒的视角看到全局，做到真正的客观。

利益面前真理往往被排在后面。很多人遇到跟自己无关的人和事还能保持相对客观，但牵扯到自身利益时就做不到客观了。这也就决定了我们听到的仅仅是一种带有个人偏见的观点，不一定是事实。《穷查理宝典》里有这样一句话："如果真理和一个人的利益背道而驰，那么这个人就很难接受真理。"当一个人没有拥有某个东西时，对其评价还算中肯。当已经拥有了这个东西时，你再跟他说这个东西的缺点已经毫无意义，他只会说这个东西好，因为否认自己的东西不好，就等于否认了自己的眼光，这种自视过高的人根本没有客观可言，但现实中这样的人却无处不在。当看到别人家的孩子跟自己家的孩子发生争执时，本能地袒护自己的孩子，不管是谁的错。但凡跟自己沾亲带故的人跟别人产生矛盾时，总是有意无意地偏向，美其名曰"是亲三分向"。

人性中的自私、贪婪和虚荣会影响人的客观性。贪婪无度的官吏做不到公正廉明，尤其是手中有点实权的官吏在接受了他人的好处后，会本能地偏袒对方。遇到这种情况，想要做到客观是很难的。"吃了人家的嘴短，拿了人家的手软",这也是贪官污吏滋生的土壤。当然历史上也不乏铁面无私、秉公执法者,只是这样的人少之又少。北宋名臣包拯就是其中一个,他因廉洁公正、刚正不阿被老百姓称为"包青天""包公"。在自己的好朋友兼得力助手公孙策犯罪时并没有偏袒,而是挥泪将其斩首。明朝的政治家张居正,老家是湖北荆州人,据说他在京城当首辅时,荆州知府赵谦送给其父1200亩良田。张居正知道后上奏了皇帝,并处分了赵谦。自己的管家游七犯错后也不姑息迁就,而是动用家法来处置。

　　虚荣心强的人也很难保持客观,明知道事情本来的样子,却因为担心被群体孤立或让人觉得自己另类而选择歪曲事实。《皇帝的新装》里就因为骗子说他们制作出的神奇衣服,愚蠢的人看不见,所以当皇帝穿着所谓的神奇衣服游行时,所有人都在夸赞,虽然什么衣服也没看见,实际上没穿衣服的皇帝,因为每个人都害怕自己被别人说成是愚蠢的人。直到一个孩子说:"他什么也没穿啊!"事物的真实性、客观性才体现出来。一个童话故事,折射出了成年人的悲哀。成年人的世界是丰富的、成熟的;也是虚伪的、可悲的。很多时候与其说是在欺骗别人,不如说是在欺骗自己。

　　保持客观取决于多重因素,最根本的是认知能力,认知能力越高,越接近事物的真相,越具有客观性;反之,越偏离客观性。认知能力低的人判断所有事情的标准完全是凭自己的好恶,自己喜欢的就是好的,可以接受的;自己不喜欢的,就是不好的,不可接受的。而不是遵从事物的本质,这是没有是非的最低认知,也可以称为"井底之蛙"式的认知。再就是仅凭自己固有的知识和经验,墨守成规,突破不了自己的瓶颈。即使偶尔意识到了这种局限性,也仅仅停留在"知"的层次,而不具备"行"的能力。认知能力高的人看到自己的局限性后,能够不断学习,积累知识和经验,渐渐看到了事物的共性、普遍性,以及共性中的个性,普遍规律之外的个案,看清了不同事物之间的差异性,意识到社会资源的有限性,能够包容社会上的个别不公平现象,包容能力变得越来越强。再就是看到了人性的优劣和不可改变,不会企图去改变人性,更不会去战胜规律,只会尊重人性,尊重规律,与时俱进,让自己有所成就。既能一眼看透事物的本质,又能于红尘中与世俗相处,获得心灵的自由。

事物本来的样子就在那里,客观性就在那里。能否透过现象看清本质,尊重事实,客观理性地对待一切,不仅需要一定的认知水平,还要有摆脱群体人云亦云的勇气,更需要克服人性的弱点,如王阳明说的那样"存天理、去私欲,知行合一"。在独立思考中提升自我,修炼心性,方可拨云见日,发现真相,秉持客观。

第二十章　痛苦

人如果不能在生命的某个时刻顿悟，
则痛苦往往会伴随其一生。

伴随人一生的所有痛苦基本都包含在这里，即人有八苦，分别是生、老、病、死、怨憎会、爱别离、五阴炽盛、求不得。生、老、病、死是作为生命体的人自身带来的属于生理上的苦。出生时身体受到挤压，不得不在疼痛中哭着来到这个世界，此为生之苦。出生后身体逐渐长大强壮的过程实际也是人逐渐变老、器官的功能退化的过程，年老体弱时会有力不从心之痛苦，此为老之苦。生来就要吃五谷杂粮的人难免生病，常常在病痛的折磨中痛苦不堪，此为病之苦。在生命弥留之际才发现带不走一点生前为之辛苦奋斗得来的功名利禄时心生痛苦，此为死之苦。

怨憎会、爱别离、五阴炽盛、求不得是精神上的痛苦每个人都希望穿自己喜欢的衣服，吃自己喜欢的食品，住自己喜欢的房子，开自己喜欢的车子，跟自己喜欢的人在一起，但因自身能力有限，不具备这样的经济条件，不能满足自己这些喜好时，就会生出怨恨之情，怨憎之心，此为怨憎会之苦。没有人会永远在一起，不管是父母子女、亲朋好友还是多么恩爱的恋人，只能陪自己一程，不会陪自己一生。总要面临分别的那一刻，此为爱别离之苦。五阴即色、受、想、行、识五种事情，因为有了这五种阴，就会产生贪、嗔、痴的心，并且会着牢在五阴上燃烧起来，称为"五阴炽盛"。这又恰恰是人的本性使然，最容易让人焦躁、烦闷、抑郁，此为五阴炽盛之苦。人们辛苦劳碌一生，到头来依然没有改善自己的处境，得到自己想要的生活，这种付出却没有收获的境况，不免让人感到生活的艰辛和无望，心生痛苦，此为求不得之苦。

现代人的痛苦也在八苦之列，但主要表现在两个方面，一是对自己无能的愤怒，二是欲望得不到满足的怨恨。看到单位同事学历高、能力强都在升职加薪，自己学历低、能力弱只能在原地不动；看到亲戚朋友办企业、开公司都在住豪宅、开豪车，自己还骑着自行车在三点一线间拿着微薄的工资奔波，就会对自己有限的能力感到悲哀，对他人的富有和荣耀感到愤怒。当自己从早干到晚，每天累得半死不活，却还是没有得到自己想要的房子、车子，过上富足悠闲的生活，没能给父母一个安度晚年的幸福，没能给孩子一个赢在起跑线上的机会时，就会感到无比的焦虑和痛苦。因此对自身能力不足和欲望求之不得的无奈是现代人痛苦的主要原因。

痛苦的本质是欲望的无穷。人生活在现实的社会里，衣食住行、吃喝拉撒是基本的欲望，也是正常的需求。但欲望的可怕之处在于欲壑难填，即欲望是没有穷尽的。没有人会止步于基本的吃喝拉撒睡。有了可以充饥的五谷杂粮，还要吃海参鲍鱼，乃至飞禽走兽。有了遮挡风雨的房子，还要住别墅洋房，有了普通的代步工具，还要开奔驰、宝马乃至劳斯莱斯。欲望越多越贪婪，相同量的副作用也越大。一日三餐嫌不够，晚上还要加个所谓的"夜宵"，虽然消化不良，但却乐在其中。薪水已经够用，却还要接受别人的钱财贿赂，最终身陷囹圄。每增加一个欲望都会带来一个等量的痛苦，有的人终老至死也没有终止追逐欲望的脚步，没有摆脱痛苦的缠绕。

人一旦执着于欲望，就成了欲望的奴隶，就会一刻不停地为欲望打工，丧失了关于人生意义的思考，乃至走进坟墓还在为没有满足的欲望耿耿于怀。《韩非子》说："贪如火，不遏则燎原；欲如水，不遏则滔天。"意即贪念如同大火，不遏制就会迅速蔓延；欲念如同洪水，不控制就会形成灾难。多少人因为欲望无度，身心俱疲，导致英年早逝；多少人因为贪婪成性，走上犯罪的道路，失去自由。又有多少人因为欲望得不到满足，一生都在痛苦中苦苦挣扎。正如《人心难足歌》中说的那样：

> 终日奔波只为饥，刚得吃饱又思衣。
> 绫罗绸缎身上穿，抬头又嫌房屋低。
> 盖下高楼和大厦，床前又缺美貌妻。
> 有了娇妻并美姬，又虑出门没马骑。
> 置下高车和驷马，有钱没势怕人欺。
> 一铨铨到知县位，又嫌官小权位低。
> 接连攀到阁老位，每日又想要登基。
> 终于南面坐天下，又慕神仙下象棋
> 洞宾与他把棋下，又问哪是上天梯？
> 上天梯子未做下，阎王发牌催得急。
> 若非此人大限到，上到天上还嫌低！

一曲《人心难足歌》将人的欲望无穷，贪心不足刻画得淋漓尽致。特别是在一切向钱看的社会里，人走着走着往往就会陷入对物质的追求中，无法解脱出来。追求不到时会痛苦，追求到时又害怕失去，还是痛苦，因此将物质利益的追求当作人生的目标时，就是一个错误的开始。

无穷的欲望不仅会让人痛苦，还会让一个人变成精神上的乞丐。物欲横流的社会里,各色雅俗共赏的音乐让人眼花缭乱,花样众多的美食让人目不暇接,各类豪车名宅让人眼界大开,身在其中的人们往往身不由己被这股欲望之流裹挟着走,但不管欲望是否得到了满足,人们却没有幸福感。叔本华说:"人受欲望支配,欲望不满足就痛苦,满足了就无聊,人生如同钟摆在痛苦和无聊之间徘徊。"不得不说欲望满足后的无聊也是一种痛苦。虽然有钱了,但精神却空虚到了极点。有的人靠今天换个名车、明天换个名包来满足自己的虚荣,有的人靠今天吃个飞禽、明天吃个走兽来炫耀自己的富足,有的人在酒精中麻醉,有的人在女人堆里寻乐,有的人在赌博吸毒中寻求刺激,每天在麻木中打发时光,在低级趣味中浑浑噩噩。精神家园极度荒芜,物质生活得到满足后的无聊之苦其实更痛苦,因为对一切都失去了原动力。这种看似活得有声有色的人,实则早已沦为行尸走肉,失去了精神支柱。没有了灵魂可言的人生已毫无意义可言,更谈不上什么梦想与价值。

欲望虽没有穷尽,却可以通过修身养性来达到淡泊名利的境界。《荀子》中讲:"欲虽不可尽,可以近尽也。欲虽不可去,求可节也。"意思是欲望虽然不能断绝,却可接近于无欲;欲望虽然不可去掉,但只要想办法,却可以对它加以节制。当在追逐物欲的道路上停不下来时,不妨放慢脚步，静下心来想一想：如此无休止地奔波在欲望的路上，何时是个尽头？于生活而言，是否必须！如此透支身体和健康，每日疲惫不堪地劳累着，于生命而言，是否值得！家有豪宅万千，夜寐仅需七尺；纵有良田万顷，日食不过三斗。老子说："罪莫大于可欲，祸莫大于不知足，咎莫大于欲得。故知足之足，常足矣。"知道满足的富足平衡心理，是永远的富足。知足常乐不是不思进取，而是对生命的负责，对生活的豁达。

怎样才能刹住欲望之车？把握好生活的基本诉求和贪欲之间的平衡点至关重要。但凡发现有越界的迹象时要及时踩刹车，明白外物够用就好。真正在内心深处知晓贪欲的可怕之处，时时警醒，方能遏欲戒贪，淡泊明志，不至于被卷于物欲的洪流中。庄子说："嗜欲深者天机浅，嗜欲浅者天机深。"一个人如果深陷欲海、贪婪无度，就会失去生命中的灵性与智慧，错过人生中许多好的机缘与福报。相反淡泊名利，生命中的灵性与智慧就会比较丰富，就会得到人生中许多好的机缘与福报。

一个人需要明白：给予了彼就不会给予此，打开一扇门的同时，也会关闭一扇窗。财富之门被打开时，生命健康之窗可能会被关上；功名利禄之门被打开时，自由快乐之窗可能会被关上。正如杨绛先生说："上苍不会让所有幸福集中到某个人身上，得到爱情未必拥有金钱；

拥有金钱未必得到快乐；得到快乐未必拥有健康；拥有健康未必一切都如愿以偿。保持知足常乐的心态才是淬炼心智，净化心灵的最佳途径。一切快乐的享受都属于精神，这种快乐把忍受变为享受，是精神对于物质的胜利，这便是人生哲学。"恬静寡欲方可排除干扰，自得其乐；淡泊宁静方可穿越迷雾，高瞻远瞩。同于道者，道亦乐得之，同于自然之道，道送其青山绿水，令其心旷神怡；同于天道，道送其一双慧眼，看透世间万象。追逐欲望，心便与欲望为伍。执着于什么，便会被什么执着，呈现出来的便是什么。

痛苦里面还有一种叫作"情"的痛苦极为悲惨。千百年来不知有多少人被这个字魂牵梦绕，折磨得死去活来。从流传千古的梁山伯与祝英台，到《红楼梦》里多愁善感的贾宝玉与林黛玉，还有国外的罗密欧与朱丽叶，都是相爱却不能在一起的男女情欲之苦。更有文人墨客数不尽的诗词，将这种欲爱不能的男女之情跃然纸上：苏轼的"十年生死两茫茫，不思量，自难忘。千里孤坟，无处话凄凉"；张籍的"还君明珠双泪垂，恨不相逢未嫁时"；李商隐的"相见时难别亦难，东风无力百花残"……无不是对恋人爱恨绵绵，情真意切的写照。古人因父母包办婚姻，为抗拒这种不满意的婚姻，出家为僧者有之，双双殉情者有之。时至今日，因为失恋终身不娶或不嫁者有之，自暴自弃者有之，跳楼轻生者亦有之。可见恋而不能，爱而不得可谓世间最为悲情之痛苦。一个"情"字贯穿了人类的始终，不仅成了有情人幸福的根源，也成了有情人痛苦的根源。

爱而不得是一种苦，不爱却不得不生活在一起也是一种痛苦，一种煎熬。有的人因为贪图对方的名声、财富，跟对方走到一起；有的人出于利益的交换或父母的压力，跟对方结婚生活。这种没有真爱的婚姻注定是空中楼阁，当走到一起的外部条件消失，煎熬到一定程度，彼此再也无法容忍时，离婚便成了最终的选择。没有婚姻基础，包容度就差，就容易在柴米油盐、孩子的抚养、日常家务等鸡毛蒜皮的家庭琐事上出现分歧，一系列因素叠加，日久天长的摩擦积累，最终导致感情破裂而离婚，给夫妻双方带来痛苦和伤害。

还有一种痛苦是由于心随境转造成的。殊不知事情本身虽不能改变，只要反过来让境随心转，心情就会大为改观。并不需要去做什么或改变什么，只需要换一个角度去想就能打开心结。有一个故事是这样的：一个老妇人，她有两个儿子，一个卖布，一个卖雨伞。雨天的时候她担心卖布的儿子生意不好；晴天的时候她担心卖雨伞的儿子生意不好。于是她整天闷闷不乐。有一天一个人对她说：雨天你就想卖伞的儿子生意好，晴天你就想卖布的儿子生意好，于是老太太就天天快乐了起来。痛苦有时并不是源于事情本身，而是源于对事情的看法。一根筋式的钻牛角尖就会痛苦，辩证地转换一下思路就会呈现出完全不同的另一番景象。

痛苦的根源在自己的内心。每个人内心的容量都是有限的，快乐占得多了，痛苦就少了；痛苦占得多了，快乐就少了。当整个内心被快乐占据时，痛苦就没了。少做损害身体的事，不纵欲过度，不长时间超负荷劳累，身体就会少了很多人为的痛苦。不陷于欲望的深渊，不随世俗的潮流起舞和攀比，让生命单纯，生活简单，灵魂自然就没有了烦恼。

心态的改变直接影响一个人的痛苦与快乐，如果总想着别人给我什么，从别人那里索取和获得，一旦不能如愿以偿时就会心生痛苦；倘若反过来想，我能为别人做什么，给别人提供什么帮助，看到自己因帮助别人而产生的价值时就会心生快乐。

对宇宙和大自然的洞察，对天地人的思索会抵御生命中大多数的苦。看看那些在不急不躁中自由生长的花草树木，在蓝天白云间不紧不慢欢快飞翔的小鸟，才发现生活的乐趣不在每日追逐的名利场上，而是在让人心旷神怡的大自然里；不是在焦头烂额的忙碌中，而是在恬淡寡欲的宁静中；不是在荣辱得失的算计中，而是在春夏秋冬的景致中。亦如古诗云：春有百花秋有月，夏有凉风冬有雪；若无闲事挂心头，便是人间好时节。快乐不在于拥有多少，而在于想开多少，拥有的越多越累，越想得开越自在。想开了，才会善待自己，不为外物透支身体，不为外物以命相搏，在淡泊名利中收获生活的快乐。开心不在于计较输赢，而在于心胸的大小。心胸宽广既包容了他人，也愉悦了自己。有位智者说，大街上有人骂他，他连头都不回，他根本不想知道骂他的人是谁。幸福不在于外物而在于内心，嫉妒和攀比，内心永无宁日；知足和平衡，幸福就会时时围绕在身边。

　　生老病死乃客观规律，与其在这种不可改变的规律中纠结痛苦，不如顺其自然。珍惜来到世间的"生"，富贵贫贱，一切随缘；善待渐行渐近的"老"，活过就是幸运，有质量的活过就是幸福；坦然面对无法预测的"病"，病愈更加热爱生命，病未愈亦无须耿耿于怀，活着就好；平静接纳谁也逃避不掉的"死"，抱憾终生也好，此生无憾也好，毕竟活过一回，能来世间走一遭，足矣！

　　懂得了心静来自知足，开心来自豁达，就没有了怨恨憎恶之心。明白了生活终究还是一个人的，一个人赤裸地来到这个世界，也终将一个人孤独地离开这个世界，也就没有了爱别离之苦。理解了真正的幸福来自内心的淡然和灵魂的富有，而不是外在的功名利禄，自然也就没有了求不得之苦。知道了慈悲才会让人心安理得，感恩才会体悟到人世间的真善美，自然也就不会陷入一味索取的苦恼，睚眦必报的心烦，更不会陷入贪嗔痴的深渊。

看透了生老病死的必然，怨恨别离的本质，贪嗔痴的危害，也就彻底顿悟了。顿悟的人才会明白执着于功名利禄等外物并将其当作人生的一切去追求，甚至不惜以健康和生命为代价的人，是在睡梦中还没有醒来的人，这样的人注定是痛苦的，也是可悲的。作为在无边无际、没有尽头的浩瀚宇宙中生存的人，不管曾经何等叱咤风云，何等富可敌国，不过是一粒微不足道的尘埃而已，终将在历史的长河中烟消云散。能出生在这个世界本身就是一个奇迹，不应该让这个奇迹在短短的几十年里留下太多的痛苦和遗憾，而应该留下更多的快乐与幸福。

顿悟的人是有福气的人，从此远离了人生的痛苦。

第二十一章　幸福

幸福是内心的满足，是不受外界干扰的淡然。

　　幸福是一种心理状态，是对自己美好生活一次次持续的满足。究竟怎样才算是幸福？古希腊哲学家伊壁鸠鲁说："幸福就是身体无痛苦和灵魂无烦恼。"意即有一个健康的身体和安静的灵魂就可以称之为幸福。实际上人们因为信仰不同、三观不同，对幸福的定义也不尽相同。

　　叔本华在他的观点中写道：亚里士多德把人生的幸福分为三类——身外之物，人的灵魂和身体。现在我们只保留他的三分法，我认为，决定人类命运的根本差别取决于三项不同的内容：第一，人是什么，可以用"个性"一词来概括，广义的"个性"包括了健康、力量、外貌、气质、道德品格、智力和教养。第二，人有什么，即外在财产和一切占有物。第三，人在他人的眼中是怎样的，人向外界呈现出的样子。也就是人们是如何看待他的；

而他人看法则是基于这个人已经获得的荣誉、社会地位和名声而来。①

  康德认为只有立足于自身理性的实践原则所获得的幸福才是真正的幸福，一切质料的和隶属于自爱这一原则之下的实践原则都不能当作实践准则。也就是任何受经验制约的有关"实质的"原理都不能作为普遍必然的道德标准，所以他不承认甚至反对带有个人经验的幸福。

  以上是不同信仰的人及西方哲学家关于幸福的阐述。现实中由于每个人所处的环境不同，从事的职业不同，所处的阶层不同，诉求不同，三观不同，对幸福的理解和追求不同，定义就不尽相同。为官者可能认为在从政中能为他人提供服务，同时为自己赢得荣誉就是幸福；经商者可能认为在经商中为他人提供方便，同时自己获得利润就是幸福；学者可能认为在读书写作中为他人提供精神食粮，同时让自己的灵魂得到升华就是幸福。可见幸福跟一个人的主观意识及价值观取向密切相关。

  幸福没有客观普遍的标准。

  人们的幸福感并不一定与生活的改善和提高同步。古代因生产力水平低下，人们对幸福的渴求也很简单，

---

  ① [德] 阿图尔·叔本华. 人生的智慧：如何幸福度过一生[M]. 北京：中信出版社，2019.

将幸福的概念融入四大喜事之中,即"久旱逢甘露,他乡遇故知,洞房花烛夜,金榜题名时"。其中的任何一个喜事都被融入了幸福的范畴。现代社会的极大进步,虽然早已解除了靠天吃饭的局面,早已丰衣足食。但人们面对丰富多样的饮食似乎并没有多少幸福感。现代化的高铁和飞机,面前几百公里甚至几千公里的路程也只是几个小时的事,再加上可以随时联系的手机,按理说对于故知之情应该更为看重和亲切。但人与人之间反而变得较为冷漠了,甚至连住在同一栋楼里的对门都没有什么交往。至于婚姻,已经不需要古人那种父母之命媒妁之言,已经可以自由恋爱,彼此直接了解,婚姻基础理应更加牢固。但不可思议的是现代人结婚速度快,离婚速度更快,早已没有了古人那种洞房花烛夜的期待和惊喜。只要是适龄学子,在义务教育普及的今天,都可以金榜题名,只是没有了古人金榜题名时的那种欣喜若狂,更不会出现像范进中举那样喜极而疯的场景。或许是因为就业、房子等压力在金榜题名后随之而来的缘故。因此幸福感并不完全与生活水平的高低成正比,更多地体现在内心的满足和灵魂的愉悦上。

现实世界中的人们并不是把幸福感体现在内心和灵魂中。他们往往不满足于基本的衣食住行,而是在不知不觉中把这种基本的诉求演化成了贫富的标准,甚至是身份的象征，并以此来衡量是否幸福。如每年的富豪排行榜，各类明星的巨额收入，似乎助长了社会上这种对物质欲望的追求。还有越来越多奢侈品的涌现，在满足人们虚荣心的同时，也助长了这种奢华的社会风气，把人性的欲望都放在了对金钱及物质利益的索取上，忽视了道德责任及精神层面的幸福。不仅没有了幸福感，反而常常感到莫名其妙的痛苦。

如果把幸福从外物的追求上升到一个更高的层次上，就会重新定义幸福的概念。比如视天下为己任的人会把对理性和道德的满足看作是真正的幸福。特别是那些心怀家、国、天下的人，会把自身抱负的实现与天下苍生的福祉联系在一起，把实现这种抱负当作自己最大的幸福去追求。诸葛亮"鞠躬尽瘁，死而后已"，范仲淹"居庙堂之高则忧其民，处江湖之远则忧其君"，岳飞"三十功名尘与土，八千里路云和月"，文天祥"人生自古谁无死，留取丹心照汗青"……这既是中国古代士大夫的家国情怀，也是儒家所倡导的修身、齐家、治国、平天下的典范。将大众的幸福放在高于个人利益的位置上是个人最大的幸福，也是人类的幸福。

普通人对于幸福的追求，关键是要把握好物质利益与精神层面的度。如果自始至终都把追求物质利益作为幸福的目标，那将永远不会幸福，因为人的欲望是无止境的。很多人之所以没有幸福感一方面是陷入了物质利益的深渊，不能自拔，忽视了精神层面的思考和追求。另一方面将自己的幸福放在了跟别人的攀比之中，攀比会严重降低一个人的幸福指数，使其忽视内心的获得感和愉悦感。当自己领到了一万元的奖金感到很高兴、很幸福时，听说同事发了两万元，立马就产生了失落感，幸福的感觉一扫而光。自己住着大房子挺满意、挺幸福，看到同学住了更大的房子时，幸福感立马又消失了。这其实是嫉妒心在作祟，只要嫉妒心存在，就难有幸福的感觉，因为总会有人比你强。

　　表面的幸福是给别人看的，内心的幸福才是自己的。有的人看到别人的高官厚禄，富甲一方觉得那才算幸福。也许忽视了我们看到的，可能只是他们表面的光环和荣誉，没有看到其中的难言之隐。钱越多的人越害怕失去，内心越紧张不安；官位越高的人越焦虑，越提心吊胆。他们不能随便说话，因为每一句话都可能招致非议，特别是在互联网高度发达的今天。他们不能随意去自己想去的地方，因为走到哪里都有人前呼后拥，引发舆论的关注。他们不能像我们普通人一样自由自在地走在马路上，随意逛街。他们必须每天端着架子，因为要考虑自己所谓的公众形象。至于那些位高权重之人为了升迁绞尽脑汁，点头哈腰、奴颜婢膝的样子；害怕丢官坐卧不宁的样子,夜不能寐时担惊受怕的样子,也许我们不知道。当一个人长时间处心积虑,处在高度紧张的状态中,精神就会崩溃,未必会有什么幸福可言,正所谓高处不胜寒。也许我们以为他们拥有财富和高官厚禄的幸福时,他们正羡慕着我们平民的自由自在。

幸福观与价值观密切相连。只有建立在自己价值观基础上的幸福追求,灵魂才会得到快乐。做自己喜欢的事,跟自己喜欢的人在一起。做自己喜欢的事的确是幸福的。一方面因为是自己的兴趣或爱好,不会厌烦这份工作,不太会计较报酬的多少。另一方面更容易激发出自己的潜能,做出成绩,有满足感和成就感。如遇功名利禄加身,便欣然接受,退一步讲即便没有成就和荣耀,能一辈子做自己喜欢的事,也没有遗憾了。就像喜欢投资的巴菲特,对他来说每天的工作就如同跳着踢踏舞去上班,其幸福感可想而知。跟自己喜欢的人在一起是幸福的,这个层次的最高境界是灵魂伴侣,所谓灵魂伴侣其实就是人生岁月里缺失的另一个自己,是生活中的心有灵犀,是言行中的不约而同,是彼此间无言的默契、理解和信赖。年轻美丽的奥黛丽·赫本,第一次见到英俊不凡的格里高利·派克时就激动不已,他对她也有同样的感觉,遗憾的是命运没有让有情人终成眷属。直到赫本离世时,他才在泪眼蒙眬中吻着她的额头说:"你是我一生最爱的女人。"她一直在等这句话,直到生命的最后时刻。杨绛跟钱锺书第一次在清华大学见面的那一刻,灵魂便走到了一起。他说:"我没有订婚。"她说:"我也没有男朋友。"钱锺书说:"在遇到她之前,从未想过结婚的事。"只有灵魂高度相似的人,才能看见彼此内心深处所思所想。哪怕沉默以对,也能懂得对方的言外之意,理解彼此的山河万里。只是灵魂伴侣可遇不可求,现实中灵魂伴侣并不多见,相互喜欢和欣赏的有一部分,搭伙过日子的较多,所以就免不了日常的吵闹,但为了家庭的和睦,大多都能凑合着过。

幸福指数跟财富的关系颇为微妙,自古至今人们一直对此争议不断。有的人觉得拥有足够多的财富就是幸福,有的人则不以为然。在物质生活极大丰富的今天,很多人虽然拥有大量财富,但并不觉得幸福。美国精神生活运动的发起人桑卡尔说:"我们需要看看自己为什么不快乐,通常情况下,大家的身体和心灵都缺乏能量,消费文化也于事无补。尽管物质上得到了极大满足,但是当人们已经厌倦了日常,生活似乎没有任何目的和意义的时候,就会感到沮丧。"可见幸福虽然跟一个人的财富、权位及各种获得有关,但并不能完全提升一个人的幸福指数。只有与自己的价值观相匹配时才能产生幸福感,如果偶尔捡到一笔钱或中个大奖可能会感到高兴,尽管这是获得，但不一定会有幸福感。如果将自己的劳动收入捐献给那些生活还很贫穷的人，使他们在饥饿时吃上饭，在孩子因为没钱上学时能读书上学，尽管这是付出，但看到他们获得这些时的开心笑脸，自己本能地就会有一种幸福感涌上心头，因为能与自己的价值观相符。只有将幸福观跟价值观紧密结合在一起，不管是获得还是付出，是工作中的忙碌还是闲暇中的浪漫，是群居中的协作还是独处时的思考，都能产生出真正的幸福感。

幸福是内心的知足，是不受外界干扰的淡然。明朝理学家胡九韶既要忙着去田里干农活，又要忙着去私塾教书，每天忙碌辛苦，但内心却很知足。他妻子说："一日三餐都是素菜粥，算什么幸福？"他说："我们有幸生活在太平盛世，不用担心战争兵祸，不用忍受饥寒之苦，家里没有躺在床上的病人和身在监狱的犯人，这不就是幸福吗？"

幸福是灵魂的满足。庄子虽然一生贫穷，但很幸福，因为他的价值观就是"独与天地精神往来，不傲睨于万物，不谴是非，以与世俗处"。能够于天地间无拘无束地逍遥游就是他最大的幸福。可以说庄子是精神富有、灵魂自由的典范。荷兰印象派画家凡·高也是一生穷困，但却用生命为艺术做诠释，为艺术献身，其作品的厚重和力量被万众敬仰，对艺术的执着追求就是他的幸福。

其实生活在现实中的我们倘若在满足基本的衣食住行的基础上，去追求更有意义的事情，放飞自己的心灵，让灵魂与脚步同行，就是一种简单可行的幸福。只是很多人在物欲横流面前，控制不了自己的情绪和欲望，终究沦为了欲望的奴隶，失去了幸福感。大道至简，幸福没有那么深奥复杂；只要放慢脚步，给生活留出空间，让心静下来，就会发现隐藏在生活中的美。

放飞大自然能让自己的身心得到极大的愉悦。蔚蓝的天空中观日出的壮美，绚丽的彩云中望落日的余晖。清脆的鸟鸣声中，感受雨后空气的清新。静静地欣赏那些充满活力，芬芳多彩的花草树木，就会有一种特别亲切的感觉，一种放空自己与大自然融为一体的感觉。正如辛弃疾诗云"我见青山多妩媚，料青山见我应如是"。生活中不缺少美，缺的是发现美的眼睛和恬淡的心。

碧草如茵，树木林立，密密麻麻地生活在一起，但又各自生长，互不打扰，和平共存。不管是否有人欣赏，他们都在独自默默地绽放。没有人类的攀比和嫉妒，更没有人类的争夺和相互间的伤害。它们各自绽放着自己的美丽，看上去既自在又幸福。大自然不仅给予我们美的享受，还能给予我们人类更多的启发和思考。

艺术的出现，把人的精神世界带入了一个更高的层次。不管是画面上宇宙的广漠无际，还是百年沧桑历史的重现，抑或是风情万种的青山绿水，都带给了我们无尽的想象，让我们感受到艺术的震撼和力量。一曲贝多芬的《命运交响曲》，让我们拥有了对生命的更多坚强和信心。一曲纯净灵动的《高山流水》让人类情感的脉搏与大自然的山水一同跳动，似天人合一，又如灵魂的彼此碰撞。漫步于清新的大自然，沉浸于高雅的艺术中，将精神的美好融入生活的日常，这是简单的，却是幸福的。

一呼一吸，生命之道；一张一弛，文武之道。工作中倾情投入，闲暇中拥抱自然，宁静中思考人生，方可给生活一个美好，还生命一份幸福。

开悟篇

第二十二章　人性

人性是上帝的产物，改变的难度可想而知。

　　关于人性这个话题的讨论，自古至今就争议不断。诸子百家各抒己见。西方文化大多认为人性本恶，所以从制度的设计入手，以此来规范人们向善不作恶。

　　诸子百家较早谈论人性的是告子，他说："性无善无不善。"他提出了"性，犹杞柳也；义，犹桮棬也。以人性为仁义，犹以杞柳为桮棬"。意思是一株杞柳，不能说是方的，也不能说是圆的，经过人工砍下来以后，再把它雕琢，才成为一个或方或圆的杯子。人性也一样，本来没有善恶的，经过父母、家庭、学校、社会的教育培养，人就有了思想分辨的能力，知道哪个是"善的"，哪个是"恶的"，就有了是非的观念。人之有道德仁义，也就好比是杞柳树，经过人工的雕琢而后成了杯子。

　　孟子关于人性的论述："恻隐之心，人皆有之；恭敬之心，人皆有之；是非之心，人皆有之。"

孔子提出了"性相近也，习相远也"的论述。

荀子认为"人性之恶，其善者伪也"。并进一步阐述人都有"饥而欲食，寒而欲暖，劳而欲息，好利而恶害"的本性，人性就是"目好色，耳好声，口好味，骨体肤理好愉佚"。

以韩飞为代表的法家认为人性是本恶，故主张严刑峻法。

宋欧阳修《诲学说》："玉不琢，不成器；人不学，不知道。然玉之为物，有不变之常德，虽不琢以为器，而犹不害为玉也；人之性，因物则迁，不学，则舍君子而为小人，可不念哉！"意思是玉石不经雕刻，就不成为器物，然而玉石作为一种东西，有比较稳固的特性，即使不能成为器物，也不失为玉；可是对人而言就不同了，人不学习，就不懂道理，人的思想性格，会随着外界事物的影响而发生变化。不学习，就不能成为君子而会成为小人，能不时时思虑警惕吗？主要观点是人性会随着外界的变化和所处的环境变化而变化，只有不断地学习，修身养性才能使人性向善，成为一个正人君子。

王阳明对人性善恶的观点体现在"四句教"："无善无恶心之体，有善有恶意之动，知善知恶是良知，为善去恶是格物"。指出无善无恶是心的本体，即内心的本体是没有善恶的。有善有恶不是先天带来的,是意念的发动,是后天的意念、观念造成的。知道善恶是人的良心发现。行善去恶就是格物,就是探究事物原理。

一把菜刀本身是没有善恶的,使用之人用来切菜时,会做出丰盛的美味佳肴,它就是善的。当使用之人用来杀人时,它就变成了一个作恶的凶器,就是恶的。这种善恶的意念有时是发生在一念之间,这与当时所处环境、情景有很大的关系。当一个人看到一个老人在马路上摔倒时,本能地就去搀扶;当一群人看到一个老人在马路上摔倒,其他人都没去搀扶的,自己可能也不会去搀扶。当一个男人在漆黑的夜晚并且没有其他人,遇到一个行夜路的女孩时,可能会产生图谋不轨的想法,并不一定就说明这个男人有道德问题。当在灯火通明、熙熙攘攘的人流中行走时,就不会产生这种想法。

其实人性的善恶更多的时候取决于对自身的利害关系,当涉及自身利益时,往往会使人性向善。二战期间,美国空军降落伞的合格率为99.9%,这意味着从概率上来说,每一千个跳伞的士兵中就会有一个因为降落伞不合格而丧命。军方要求厂家必须让合格率达到100%才行。厂家负责人说他们竭尽全力了,99.9%已是极限,除非出现奇迹。看到厂家的态度,军方改变了检查制度,每次交货前从降落伞中随机挑出几个,让厂家负责人亲自跳伞检测。奇迹出现了，降落伞的合格率达到了100%。

　　当触及不到自身利益时，往往会使人性向恶。有个打算退休的老木匠，跟老板说年龄大了准备回家与妻子儿女享天伦之乐。老板欣赏老工人的技术，想挽留住他，便问他是否能帮忙再建一座房子，老木匠答应了。但是周围的人都看出老木匠心不在焉，使用的都是不好的木材，干的活也很粗糙。没多久房子就建好了，这时老板却把大门的钥匙递给他说："这是你的房子，我送给你的礼物。"老木匠瞬间满脸通红，羞愧难当。

　　上面两个例子说明，不论人性善恶与否，人的本性大多是自私的。这里说的自私指的是首先考虑自己的利益，始终把自己的利益放在第一位，跟自己无关的事也会努力去做，但不会全力以赴，跟自己有关的才会竭尽全力。

　　作为有自私本能的人类，有时候左右不了自己的思想和行为，于是有强制性和惩罚性的制度和法律出现了。当有偷窃或抢劫他人的念头时，或者企图伤害他人时，一想到可能会受到法律的惩罚，于是就打消了这个念头，使人性由恶转向善的一面。日久天长，潜移默化，这种使人向善的强制性的制度和法律就会对人性的恶形成强大的威慑，从而形成使人向善的良好社会氛围。

　　向善也要有度，如果一个特定的对象对另一个特定的对象长期行善,当有一天不再对其行善时,被行善的对象就会心理不平衡,甚至会恩将仇报。有个很有爱心的人,尽管自己并不宽裕,但非常同情一个在自己家附近的乞丐,每次经过时都要给他10元钱。一年后改为5元,两年后改为2元;乞丐问他:"您怎么给我的钱越来越少了?"他说:"两年前我是单身,所以给你10元钱,后来我有了老婆,就只能给你5块了,再后来我有了儿子,只能给你2元了。"乞丐听了勃然大怒:"你凭什么拿我的钱养你的老婆、孩子?"无条件地向善必须有度,一旦让对方将这种向善当成习惯和长期依赖,心理上就会觉得这是理所当然的;不仅失去了感恩之心,严重的还会形成仇恨。

人性在贪婪面前往往会刹不住车,渴望得到,害怕失去。特别是得到又失去时,会使人丧失理性,孤注一掷,做出事后连自己都无法相信的事。这一点在赌场上表现得淋漓尽致。知乎上登载的关于小哈利赌场的故事就很能说明这一点,现将其摘录如下:美国船王哈利曾对儿子小哈利说:等你到了23岁,我就将公司的财政大权交给你。谁想儿子23岁这天,老哈利却将儿子带进了赌场。老哈利给了儿子2000美元,让小哈利熟悉牌桌上的伎俩,并告诉他,无论如何不能把钱输光。小哈利连连点头。老哈利总是不放心,反复叮嘱儿子,一定要剩下500美元,小哈利拍着胸脯答应下来。然而年轻的小哈利很快输红了眼。把父亲的话忘了个一干二净，最终输得一分不剩。走出赌场，小哈利十分沮丧，说他本以为最后那两把能赚回来，那时他手上的牌正在好转，没想到却输得更惨。

老哈利说："你还要再进赌场。不过本钱我不能再给你。你需要自己去挣。"小哈利用了一个月时间去打工，挣到了700美元。当他再次走进赌场，他给自己定下了规矩：只能输掉一半的钱，到了只剩一半时，他一定离开牌桌。

然而小哈利又一次失败了。当他输掉一半的钱时，脚下就像被钉了钉子般无法动弹。他没能坚守住自己的原则，再次把钱全部压了上去，还是输个精光。老哈利则在一旁看着，一言不发。走出赌场，小哈利对父亲说，他再也不想进赌场了，因为他的性格只会让他把最后一分钱都输光，他注定是个输家。谁知老哈利却不以为然，他坚持要小哈利再进赌场。老哈利说："赌场是世界上博弈最激烈，最无情，最残酷的地方，人生亦如赌场，你怎么能不继续呢？"

小哈利只好再去打工。他第三次走进赌场，已是半年以后的事了。这一次他的运气还是不佳，又是一场输局。但他吸取了以往的教训，冷静了许多，沉稳了许多。当钱输到一半时，他毅然决然地走出了赌场。虽然他还是输掉了一半，但在心里，他却有了一种赢的感觉。因为这一次，他战胜了自己。老哈利看出了儿子的喜悦。他对儿子说："你以为走进赌场是为了赢谁？你是要先赢你自己。控制住你自己，你才能做天下真正的赢家。"

从此以后，小哈利每次走进赌场，都给自己制定一个界限，在输掉10%时，他一定会退出牌桌。再往后熟悉了赌场的小哈利竟然开始赢了。他不但保住了本钱，而且还赢了几百美元。这时站在一旁的父亲开始警告他，你现在应该马上离开赌桌，可头一次这么顺风顺水，小哈利哪儿舍得走？几把下来，他果然又赢了一些钱，眼看手上的钱就要翻倍——这可是他从没有遇到过的场面，小哈利无比兴奋。谁知就在此时，形势急转直下，几个对手增加了赌注，只两把，小哈利又输得精光。

从天堂瞬间跌落到地狱的小哈利，惊出了一身冷汗，他这才想起父亲的忠告。如果当时能听从父亲的话离开，他将会是一个赢家。可惜，他错过了赢的机会，又一次做了输家。

一年以后，老哈利再次去赌场时，小哈利俨然已经成了一个像模像样的老手，输赢都控制在10%以内，不管输到10%，或者赢到10%，他都会坚决离场，即使在最顺的时候，他也不会纠缠。

老哈利激动不已，因为他知道，在这个世界上，能在赢时退场的人，才是真正的赢家。老哈利毅然决定，将上百亿的公司财政大权交给小哈利。

听到这突然的任命，小哈利倍感吃惊："我还不懂公司业务呢。"老哈利却一脸轻松地说："业务不过是小事。世上多少人失败，不是因为不懂业务，而是控制不了自己的情绪和欲望。"

老哈利很清楚，能够控制情绪和欲望，往往意味着掌控了成功的主动权。人性是骨子里带来的，改变的难度可想而知。牛顿说："我能计算天体运行的轨迹，却算不出人性的疯狂。"人都有七情六欲，情绪、欲望及各类情感的发作是人的本能，普通人约束不了这类本能，只会任其自流，而无能为力。

有人将人性概括为八个字"趋利避害，贪多求快"。利益面前众人都趋之若鹜，唯恐落在后面；灾难面前，都避之不及，一个比一个跑得快。功名利禄多多益善，升职加薪越高越好，发财速度越快越好，最好是一夜暴富。这八个字是对人性的高度浓缩和概括。大多数人就是围绕着这八个字在世间追名逐利、忙碌一生。只是到头来没有得到多少利，也没有躲过多少灾；没有快速升官，也没有快速发财。

真正的智者，大成者往往能看透人性，控制这种本能，反其道而行之，常常事半功倍，成就斐然，成为出

开悟篇

类拔萃者。世人都愿意"得",不愿意"舍",于是就有高人通过"舍"来实现"得"。世人都喜欢赚便宜,于是李嘉诚在做生意时就故意让别人赚这个便宜。他说:"跟别人合作,假如拿七分合理,八分也可以,那李家拿六分就可以了。"大家都知道跟李嘉诚做生意可以赚便宜,可以多拿两分,于是他的合作伙伴越来越多,生意越做越大,最终做成了亚洲首富。

世人都在趋利避害,股神巴菲特偏偏反其道而行之,专门在其他人纷纷跑路,快速逃离股灾时,他却在大量买入;在群情激昂,股价疯狂上涨,众人纷纷跑步入场时,他又悄悄地卖出了。一直实践并验证着他那句至理名言:"别人恐惧时我贪婪,别人贪婪时我恐惧。"世人都在贪多求快,唯独他可以持有一只股票几十年。正如亚马逊创始人贝佐斯问他:"你的投资体系这么简单,为什么你是全世界第二富有的人,别人不做和你一样的事情?"巴菲特回答说:"因为没有人愿意慢慢变富。"世人都知道欲速则不达的道理,但好像没有多少人真正去思考并践行。

人性里有一种极度自私的因子就是见不得别人好,被世人形象地称为"螃蟹文化"。指的是如果在筐子里放了一些螃蟹,不盖盖子,螃蟹也爬不出去。因为只要有一只往上爬,别的螃蟹就会纷纷攀附在它身上,结果是把它拽了下来，最后没有一只逃出去。

螃蟹文化其实是人性里的一种嫉妒文化，自古至今这种现象就一直存在，"不患寡而患不均""希望你过得好，但不希望你过得比我好"就是这种嫉妒文化的表现。不怕自己穷，就怕大家不穷；不怕自己不好，就怕大家好。看到别人比自己好，就诅咒甚至使绊子，像螃蟹一样把别人拖下来，心理才平衡。每个人都拼命往上爬，企图被他人仰望，但决不允许别人比自己爬得高；每个人都不知疲惫，乃至透支生命去追逐金钱，以求荣华富贵，赢得世人的认可，但不允许别人的荣华富贵超越自己。当不把精力用在提升自己的认知和能力上，而是花心思在阻止别人进步上，就注定自己已经失去了原动力，阻塞了上升的通道；也注定了自己的一生只能在原地打转的可怜结局。

太阳不可直视，因为会灼伤眼睛；人心不可直视，因为会伤心失望。俗话说"穷在街头无人问，富在深山有远亲"便是人心透射出来的人性。大富大贵有利可图时到处都是亲戚朋友，天天高朋满座；穷困潦倒无利可图，甚至可能会连累到别人时，即使眼皮底下的亲戚，平日里形影不离的朋友都会对你视而不见，唯恐避之不及。正所谓"将军狗死有人拜，将军死后无人埋"，虽是一句戏言，却道出了人性的无奈与悲哀。

开悟篇

当我们遭到最亲近或最信任的人的背叛，尽管有血缘关系在里面，有几十年的信任在里面，但依然会背叛时，其实是人性的背叛。当利益足够大时，这种看似牢固的关系依然可以让一个人的善转为恶。当然那些淡泊名利、与世无争的人例外。

不管人性的善恶也好，自私也好，虽然是基因里的东西，但这种本能也不是不能改变，只是改变的难度很大。不过人类毕竟是高级动物，有思想、理性、道德、责任等其他动物不具有的品质，使改变这种骨子里带来的人性成为一种可能，正如《自私的基因》里说的："我们具备足够的力量去抗拒我们那些与生俱来的自私基因。在必要时，我们也可以抗拒那些灌输到我们脑子里的'自私觅母'。我们甚至可以讨论如何审慎地培植纯粹的、无私的利他主义——这种利他主义在自然界里是没有立足之地的，在世界整个历史上也是前所未有的。我们是作为基因机器而被建造的，会作为觅母机器而被培养的，但我们具备足够的力量去反对我们的缔造者。在这个世界上，只有我们，我们人类，能够反抗自私的复制基因的。"

第二十三章　无常

无常是活着的见证，稳定是死后的安息。

"万物皆无常，有生必有灭；不执着于生灭，心便能寂静不起念，而得到永恒的喜乐。人因乞求永恒的美好不死而生出了痛苦。"无常是人生的常态，生死是人生的必然，这是不可抗拒的客观规律。

生命无常，让人有了敬畏之心；世事无常，让人学会了接纳，无论是好的还是坏的，如此便有了无常生活的淡定和自在，有了继续生活下去的勇气和信心。确定性是人们追寻的，比如稳定的事业，稳定的婚姻，稳定的工作，稳定的收入，稳定的环境，稳定的家庭等，对稳定的追求是人的一种本能。这是完全可以理解的，因为人之所以感到恐惧和焦虑，就是周围的一切不够稳定，尤其是对未来的不确定性。担心钱不够用陷于贫困，担心钱太多引来麻烦，担心哪天失去工作，担心孩子成绩不好，担心父母生病，因为这一系列的不确定性导致焦虑的产生。

确定性固然可以让人心里不慌，感觉踏实，但长期一成不变的确定性，尤其是过度的平淡和安逸容易让人心安理得，沉浸在所拥有的固定生活里，变得平庸，尤其是会失去对未知领域探索的勇气。笼子里的小鸟，永远不用担心没东西吃，因为主人会按时喂养它；也不用担心安全问题，因为刮风下雨时主人会把它放到安全的地方，遭到别的动物侵害时主人会保护它。但它却失去了自由，它不能像别的小鸟那样在高空中自由地飞翔，感受不到更广阔的天空带给它的那种高度和视野。就如每天围着石磨拉磨的驴一样，不需要担心食物，干完活后主人自然会给它吃的，甚至不需要抬头看天，这种生活是一辈子，每天衣食无忧，似乎也无可指责。白龙马就不一样了，他跟着唐僧师徒四人去西天取经，历经九九八十一难，上天入海，腾云驾雾，斗过妖魔鬼怪，九死一生，这也是一辈子。跟只会一辈子拉磨的驴是完全不同的，也可以说是生活在两个世界里的。

人如果只追求确定性、稳定性，可能注定一生只能当观众，当观众没有风险。因为上台表演就有不确定性，能不能演好？演不好怎么办？观众给个差评怎么办？无形之中就会产生压力和焦虑。如此一来很多人宁愿做个茶余饭后品头论足的观众，也不愿意给自己一个亲自登台表演的机会。塔勒布说："风会熄灭蜡烛，却能使火越烧越旺。对随机性、不确定性和混沌也是一样：你要利用它们，而不是躲避它们。你要成为火，渴望得到风的吹拂。这总结了我对随机性和不确定性的明确态度。我们不只是希望从不确定性中存活下来，或仅仅是战胜不确定性。除了从不确定性中存活下来，我们更希望像罗马斯多葛学派的某一分支，拥有最后的决定权。我们的使命是驯化、主宰，甚至征服那些看不见的、不透明的和难以解释的事物。"[1]

流水不腐，户枢不蠹，流动的水不会腐臭，转动的门轴不会被虫蚀。只有不确定性才会让一个人在历经沧桑，饱受摧残后变得强大，坚不可摧。尼采说："杀不死我的，只会让我更强大。"如果想要生命变得有趣且强大，就要接受不确定性且在不确定性中磨炼自己，升华自己。身体在适度的训练和压力下，反而会使肌肉更加有力和健康。飞翔在高空的小鸟会遇到风雨雷电，各种风险，更不会有稳定的食物和水，却会在这样的境遇里让自己变得更加强大、勇敢和智慧，在任何恶劣的环境里都能

---

[1] [美]纳西姆·尼古拉斯·塔勒布. 反脆弱[M]. 北京：中信出版社, 2020.6.

顽强地生存下来。笼子里的小鸟看似衣食无忧，但恰恰是最大的隐患。当哪一天主人遇到了什么难题或者不喜欢它了，就会拒绝再供给它食物，甚至把它扔掉。即使主人放飞它，由于长期以来依赖性太强，已经失去了自我生存的能力，恐怕也会饿死或被其他动物吃掉。

人无远虑，必有近忧，真正智慧者大都高瞻远瞩，有很强的忧患意识。

现实中很多人总认为有一份稳定的工作，按月领取薪水就高枕无忧了，从不去想假如有一天被辞退了怎么办，企业破产了怎么办。总认为老婆、孩子、热炕头挺幸福，从不去想万一有一天离婚了怎么办，没有了经济来源怎么办。总认为岁月静好，从不去想有一天发生了意外怎么办。凡事总往好处想，往确定性上想是一种本能；都不愿意往坏的方面、不确定性的方面去想，甚至本能地去抵制和拒绝。须知月有阴晴圆缺，人有旦夕祸福，不确定性才是最大的确定性。这个世界上没有什么是一成不变的，唯一不变的就是每天都在变。人如果没有直面不确定性的勇气，不敢面对变化无常的现实世界，始终不敢走出去，终其一生也只能徘徊于家乡尺寸之地，终老于故土户牖之下。

只有敢于打破安于现状的禁锢，才会在风霜雪雨中丰富自己的阅历，给自己的人生一次绝地反击的机会。

顿悟——发现自我

明代地理学家徐霞客几乎靠步行足迹遍及相当于今天的21个省、市、自治区。达人所之未达，探人所之未知。被称为"千古奇人"。《徐霞客传》记载：他出行，不刻意整束行装，不准备食物；能几天忍受饥饿，能遇到什么食物就吃什么食物，并能吃饱，能徒步走几百里，攀登陡峭的山壁，踏过丛生的竹林，上下攀缘，空中横渡山谷，像拿绳索打水一样。平常也未曾写过华丽的文章，但出游到几百里外的地方，却能靠着破壁枯树，点燃松枝干穗，拿笔快速地记录，好像是记得清清楚楚的账目，好像是高手画得美丽图画，即使是很会写文章的人也没法超过他。

徐霞客回到云南，脚生病，不好走，便修撰《鸡足山志》，三个月以后修撰完毕。他病得很厉害，对前来探望的人说："西汉张骞开辟道路，未见昆仑山；唐朝玄奘奉皇上使命，才有机会西游。我不过是一个老百姓，一根竹杖一双鞋，走到黄河、沙漠地带，登上昆仑山，走过西域，留名很远的国家，即使死了也没什么遗憾了。"历经30年的跋山涉水，千辛万苦，舍生忘死地考察记载，编纂而成了60余万字的《徐霞客游记》，是旅游巨篇、地理名著，更是文学佳作，在国内外享有盛誉。

意大利探险家克里斯托弗·哥伦布于1492年8月3日，奉西班牙统治者伊萨伯拉与斐迪南之命，携带东方君主的图书，率船 3 只，水手 90 名，从巴罗斯港出航，横渡大西洋，到达巴哈马群岛、古巴、海地等地。以后又三次西航（公元 1493 年、1498 年、1502 年），抵牙买加、波多黎各诸岛及中美、南美洲大陆沿岸地带，发现了"美洲"这块新大陆，完成了人类历史上空前的远航探险。

徐霞客、哥伦布等正是对于不确定性的、未知的求知欲望，才激起了其勇敢、执着和探索的精神，虽历尽千辛万苦，九死一生，却为人类的发展建立了不朽的功勋，也为自己无悔的人生画上了圆满的句号。

面对只有一次的生命，只有真正做回自己，才不虚人间此行。虽然我们对于徐霞客、哥伦布等人的壮举望尘莫及，但对于不确定的人、事、物既要保持敬畏心，又要勇敢探索和追求。很多人长期受困于世俗的压力，始终没有勇气迈出第一步。面对自己讨厌的工作，宁愿在百无聊赖中混天熬日，也要安于现状，对失去这份工作后的不确定性充满了恐惧。对于痛苦的婚姻，宁愿在爱意全无的压抑环境里受尽煎熬，也不愿意走出痛苦的泥潭。因为对离婚后的不确定性没有任何底气可言。一味追求稳定者之所以宁愿委屈自己，也要把自己禁锢在原地不动，主要是害怕失去现有的，对尚未拥有的可能更好的、但不确定的东西没有信心。如同笼子里的小鸟一样，习惯了衣来伸手，饭来张口，虽然主人有时也会生气，甚至不给吃的，但还算相对稳定；所以就不会考虑在高空中飞翔，毕竟还有很多不确定性的因素，既然衣食无忧，何苦再去冒险。

塔勒布在《反脆弱》中说："玻璃杯是死的东西，活的东西才喜欢波动性。验证你是否活着的最好方式，就是查验你是否喜欢变化。请记住，如果不觉得饥饿，山珍野味也会味同嚼蜡；如果没有辛勤付出，得到的结果将毫无意义；同样的，没有经历过伤痛，便不懂得欢乐；没有经历过磨难，信念就不会坚固；被剥夺了个人风险，合乎道德的生活自然也没有意义。"

所谓的确定性一旦真的确定了，并且打算让这种确定性伴随自己一生的话，人生便再也没有了情趣、激情乃至惊喜。如塔勒布所言即使每日山珍海味也味同嚼蜡；没有了信念、伤痛、风险和磨难，生活自然也没有了活力和意义。

担心自己的能力问题是因为没有放手一搏的勇气。当站在山脚下看山高不可攀，当攀登到山顶时才发现不是能力问题，而是缺乏勇气；担心别人瞧不起自己，当自己提升认知，变得强大时，才发现最好的反击方式不是一味地争辩，更不是一味地躲避，行动才是最好的证明和反击。

担心离开确定性会让自己陷于困境是因为习惯了平

庸。当离开那份讨厌的工作，走出那片婚姻的伤心地，才发现松开的是手里一直紧紧攥着的沙子，拥抱的却是整个世界。

担心应付不了未知的不确定性是不想对只有一次的人生进行挑战，当在不确定性中左冲右突，勇敢胜出后才发现自己不是没有深度思考的能力，不是没有驾驭复杂问题的能力，而是不敢在不确定性中尝试，失去了在不确定性中变强大的机会。

人生无常，盛衰何恃。只有在品尝了不确定性中的苦涩，收获了不确定性中的成长时才会发现，所谓的确定性真的成了一潭死水，而不确定性才是人生中的活力和趣味。

第二十四章　静心

静心让冲动的魔鬼消失，让思考及行动变得理性。

　　静心就是让心入静、入定。去除分别心、是非心、得失心、执着心，在静中觉知、领悟。

　　颜回曾请教孔子何为"心斋"。孔子说："若一志，无听之以耳，而听之以心，无听之以心，而听之以气！听止于耳，心止于符。气也者，虚而待物者也。唯道集虚。虚者，心斋也。"大意是"你必须摒除杂念，专心致志，不用耳去听而用心去领悟，不用心去领悟而用凝寂虚空的意境去感应！耳的功用仅只在于聆听，心的功用只在于跟外界事物交合。凝寂虚无的心境才是虚弱柔顺而能应对宇宙万物的，只有大道才能汇集于凝寂虚无的心境。虚无空明的心境就叫作心斋。"简单说"心斋"就是心的斋戒，心思凝聚全无杂念，进入虚无空明的境界，内心就会明澈、宁静，如此一来，各种事物都不能扰乱和动摇他的内心。心不能入静时只能看到一个真实的我,入静进入空明虚无的境界后就感受不到那个真实的自己了。所谓"瞻彼阕者,虚室生白,吉祥止止"。就是入静后一看到那空旷的环宇,空明的心境顿时独存精白,而什么都不复存在,一切吉祥之事都消失于凝寂的境界。房子只有留出足够的空间,阳光才能透射进来,暖意洋洋;人只有静下心来,去除各种私欲杂念,才能清澈明朗,吉祥福祉才有空间停留,外界的纷繁复杂才难以侵扰,即使坐在大海边也感受不到海面的波涛汹涌,空明的心境只会跟大海深处的水一样平静。

  静心的境界虽然无限美好,但要达到这种境界却不是一件容易的事。相传苏东坡有一次学禅时觉得心无杂念,心境空明,于是挥笔写下"稽首天中天,毫光照大千。八风吹不动,端坐紫金莲"的诗句,差人给好友佛印送去,希望得到佛印的赞赏。不料佛印看后在这首诗的下端写了"放屁"两个字,苏东坡看后大怒,当即乘船渡江去找河对面的佛印理论。只见佛印早已在河对面等候,看到怒气冲冲的苏东坡,笑呵呵地说:"八风吹不动,一屁过江来。"苏东坡即刻醒悟,惭愧不已。

  对于大多数现代人而言,静心是一件奢侈的事。因为每天都在忙碌中奔波,为房子、车子、孩子,为生活的方方面面。一天不忙碌心里就空荡荡的,无时不在焦虑和恐惧中煎熬，直到身体累病了，累垮了，也没拿出点时间让自己静下心来想一想生命的意义。倘若每天都能拿出几十分钟的时间让自己静心，这种情况就会大为改观。静心虽不是灵丹妙药，但却能洗净心灵积累的污垢和残渣，洗去内心的浮躁，即长久以来积累在心里的情绪以及由此带来的劳累感和紧张感。就像电脑、手机一样要经常清理垃圾，否则时间久了就会变卡顿，甚至出现死机的情况。人也一样，如果不定时清理负面的情绪及恐惧，就会生病，甚至危及生命。让自己静坐下来，闭上眼睛，进入空旷虚寂的状态。因工作积累的疲劳和压力，身体的负面能量和情绪等会在这一状态下从大脑中消失，此刻会真正感悟到生命的虚空和纯净。待睁开眼睛时，会发现一个身心放松的自己。

心静才能聚精会神，思路清晰，思考问题精准周全。晚清名臣曾国藩说："细思神明则如日之升，身静则如鼎之镇，此二语可守者也。唯心到极静时，所谓未发之中，寂然不动之体，毕竟未体验出真境来。"意思是细想一下，神志清醒就像太阳逐渐升起，身心平静就像鼎一样屹然不动，这两句话可以作为箴言来信守。心一旦达到极静的时候，所说的没有发射就能命中目标，寂然不动的物体，但毕竟没有体验出真实的境界。据说曾国藩除了在院内种了些竹子外，还在二楼的小望楼上铺了一张棉垫，不论多忙，每天都要抽出一段时间来这里静坐安身。在他看来静心除了能够有益于身体健康外，还能够体察事物的本质，发觉事物的精微，处理事情也能够省力，即达到事半功倍的效果。正所谓"心静则体察精，克治亦省力"。

静定慧，说的就是静能生定，定能生慧。水清月显，一盆波澜不惊的水方能清晰地映出天上的月亮和星星，晃动的水则不能。心静方不畏浮云遮望眼，智慧从中生，看清事物的真相。心散则方寸乱，乱则一切皆乱。错误的决定、后悔的事情基本都是在情绪波动、心烦意乱时做的。"心虚则性现，不息心而求见性，如拨波觅月；意净则心清，不了意而求明心，如索镜增尘。"[1]意即内心清净毫无杂念，人的本性就会显露出来，不排除私心杂念而要寻求真本性，就像拨动水面寻找月亮般徒劳无益；意念宁静纯洁，心灵就会清明，不了解自心而求内心清明，就像是为落满灰尘的镜子又增加了一层灰尘一样。倘若只是表面功夫，看似静坐，实则浮想联翩，毫无意义。浮躁之气缠绕，就谈不上客观清醒，更谈不上顿悟。只有彻底摒除一切私心杂念，进入真正的静心状态才可能对面临的问题有一个客观清醒的认识，做出正确的应对

---

[1] 洪应明著，张南峭译，《菜根谭》。

之策。梳理自己所做之事是对是错，交往之人是否可靠诚信，一路走来的自己价值何在，是否偏离了初心，走到了生命的哪个阶段，还剩多少时间？还有什么重要的事没有做？重要的人没有见？什么事应该做却一直没有做？当这一切都梳理清楚了，人生才有方向，思路才会清晰，才能从容面对一切，生活进入有条不紊的状态。

《大学》中说：知止而后定，定而后能静，静而后能安，安而后能虑，虑而后能得。就是说知道自己应该达到的境界，才能够使自己志向坚定；志向坚定才能够镇静不躁；镇静不躁才能够心安理得；心安理得才能够思虑周详，思虑周详才能够有所收获。现实中我们对目标或者使命的半途而废往往是因为中间出现了太多的插曲，被这类插曲干扰而打断了自己的计划或目标，动摇了自己的初心。只有静心才能看清这些插曲的来龙去脉，删去可有可无的人，去掉可做可不做的事，只保留重要的人，只做重要的事，从而将自己从琐碎的事务中解脱出来，避免日后的重蹈覆辙。

近几年流行的一个词叫"冥想"，是从外语翻译过来的单词，汉语的基本解释：冥想是瑜伽中最珍贵的一项技法，是实现入定的途径。一切真实的瑜伽冥想术的最终目的都在于把人引导到解脱的境界。通过冥想来启迪心灵，并超脱物质欲念。把心、意、灵完全专注在原始之初衷。跟我们说的静心本质上是一样的。传说佛陀走到一棵菩提树下,铺上吉祥草,面向东方,盘膝而坐,对天发誓:"如果不能彻底觉悟,宁可粉身碎骨,也绝不从这个座位上起来!"就这样静坐了七天七夜,终于顿悟成佛。

投资大佬雷·达里奥说:"冥想让我觉得自己像个战斗中的忍者。每天都会冥想40分钟。我从1968年或1969年开始冥想,它彻底改变了我的生活。当时我只是个极其普通的学生。它让我心思澄明,让我独立,让我的思绪自由翱翔,赐予了我许多天赋。"现在的达里奥坐拥近150亿美元,管理着世界上最大的对冲基金。西塞科也说:"如果可能的话,自己会每天冥想一到两次。不知不觉中,事情就发生变化了,我很吃惊。"

静心看似是一个简单的过程,实则蕴含着古老的智慧。老子说:"致虚极,守静笃。"达到心灵虚空无物的极点,就不会有任何偏见,不存任何功利的目的。保持高度的清净,就不会被表面的现象所迷惑,不会急于下结论。"静为躁君",静是躁动的主宰。可以让一个突发横财的人从亢奋中冷静下来,意识到这不过是人生中的一个侥幸而已,没必要得意忘形。让一个突遭横祸的人从悲痛的状态中恢复平静,意识到这只不过是人生中的一个偶然而已,不可能是常态,没必要过度悲观。可以让一个丧失理智的人瞬间清醒,意识到去跟一个毫无素质的人拼命不值得。可以让一个绝望的人放弃轻生的念头,意识到不能把只有一次的生命寄托在某个人身上或某件事情上,幸福要靠自己去创造。可以让一个虚度年华的人开始做事,意识到自己几十年来得过且过、无所事事,此生很可能会荒废掉,产生一种悔不当初的感觉,开始树立目标并为之奋斗,进入一种全新的生活状态。

  喧嚣的世界,躁动的人群,如果不想被世俗的潮流裹挟着被动生活,随世俗之风起舞,就要让心静下来,思考生命的意义,省察自己的人生。如果不想为冲动买单,让错误惩罚自己,就要不定时地静心,让思考及行动更趋理性,发现解决问题的根本之道。古语云:"人能常清静,天地悉皆归。"静心沉思中才能觉到、悟到,只有觉到悟到,才会产生智慧之光,穿透层层迷雾,看清事物本质,进入人生的更高境界。

境界篇

第二十五章　格局

认知决定格局，格局决定成败。

格局是指对事物的认知范围，认知范围的程度决定了一个人格局的大小。通常来说，有格局的人看的是全局和本质，总能在问题面前游刃有余；没格局的人看的是局部和表面，常常在问题面前陷于被动和困境。格局大的人看到的是规律和远方，大多以成功者的姿态出现；格局小的人看到的是现象和眼前，大多以平庸和失败而告终。面对同样的危机，有格局的人看到的是机会和希望，没格局的人看到的是风险和沮丧。格局不同，结局不同，什么样的格局造就什么样的人生，一个人能走多远通常取决于其格局的大小。

格局的大小来自一个人境界的高低。中国当代哲学家冯友兰提出了人生的四重境界：自然境界、功利境界、道德境界、天地境界。

境界篇

自然境界是没有创意的人生,看见别人怎么活,自己就跟着怎么活,稀里糊涂地活上几十年,再稀里糊涂地离开这个世界。这种随波逐流,没有自我,混吃等死的动物式活法是最低境界。有个故事很能说明这一境界:有个小孩在放羊,大人问:"放羊干什么?""放羊卖钱。""卖钱干什么?""娶媳妇。""娶媳妇干什么?""生娃。""生娃干什么?""放更多的羊。"觉得好笑的同时不妨反思一下我们自己:工作干什么—赚钱—赚钱干什么—买房子—买房子干什么—娶媳妇—娶媳妇干什么—生娃—生娃干什么—上学—上学干什么—工作……我们很多人的一生跟这个放羊娃的人生本质上没有什么区别,又何尝不是一眼望到底的人生!

冯友兰对功利境界如是说:"他可以做些事,其后果有利于他人,其动机则是利己的。所以他所做的各种事,对于他,有功利的意义。他的人生境界,就是我说的功利境界。"但功利境界也有个高低之分,如果出发点单纯地只为自己,甚至为了一己之利不择手段,损害他人,属于低级的功利境界。出发点为自己,同时也为他人的利益着想,属于高级的功利境界。古代的人在为自己考取功名后,为国家为社会做事做贡献。即几千年来士大夫们一直奉行的"修身、齐家、治国、平天下"就是这一境界的体现。"君子爱财,取之有道",现在的很多生意人在跟别人做生意时会让别人多赚一点,满足了生意伙伴对利益的诉求,赢得了更多合作伙伴,自己也获得了更多的财富。也就是我们平时说的"成就他人,托起自我"。

道德境界。冯友兰说:"了解到这个社会是一个整体,他是这个整体的一部分。有这种觉解,他就为社会的利益做各种事,他所做的各种事都有道德的意义。所以他的人生境界,是我说的道德境界。"这一境界的人出发点不是为自己,而是为大众,为社会,即以天下为己任。"先天下之忧而忧,后天下之乐而乐""内圣外王"就是对这一境界的最好阐述。把自己的起心动念与众生和世界联系起来,这个境界已经没有了怨天尤人,只有对世界救世主般的责任感和使命感。

天地境界是至高境界。冯友兰解释说:"他不仅是社会的一员,同时还是宇宙的一员。有这种觉解,他就为宇宙的利益做各种事。这种觉解为他构成了最高的人生境界,这就是天地境界。"这一境界的人生命的力量来源于天地,道法自然,已看破红尘,无惧生死。处无为之事、行不言之教的老子;逍遥乐观、悟透生死的庄子,就是这一境界中的圣人。他们已达到了大我无我,天人合一的境界。

境界的高低决定了一个人做事的态度。三个工人在

境界篇

建筑工地上砌墙。有人问他们在做什么。

第一个工人悻悻地说:"没看到吗?我在砌墙。"

第二个工人认真地回答:"我在建大楼。"

第三个工人快乐地回答:"我在建一座美丽的城市。"

第一个工人只知道低头拉磨,不知道抬头看天,属于只会干,不会思考的人。自然也就注定了不管干多少年,只是在原地打转的人。第二个工人能从一块砖、一面墙看到一座大楼,他不仅仅把砌墙当作是谋生的手段,还看到了这种手段所带来的价值。第三个工人已经透过一面墙、一座楼看到了一座美丽的城市,能站在一定的高度看问题了,看到的是更远的风景和更美的未来。十年以后,第一个工人还在砌墙,第二个工人成了工程师,第三个工人成了他们两个人的老板。态度决定高度,格局决定结局。格局有多大,成就就有多大。心态是自己的主人,什么样的心态造就什么样的命运。

大格局者擅谋大事,擅布大局,能从全局的视角看问题。如曾国藩所说"谋大事者,首重格局",知道"不谋全局者不足谋一域",懂得"欲为大树,不与草争"。对于井底之蛙不会和它讲海,因为它被狭小的生活环境所局限;对于夏日之虫不会和它讲冰,因为四时不同,它无法体验。对不在同一层次的人不会争论,因为知道那是在浪费时间和精力。不跟无知者争辩,不跟烂人纠缠。见识过最好的，也经历过最坏的，故能处变不惊，泰山崩于前而色不变。

　　大格局者懂得环境对人成长的重要性，深知处在什么样的环境，跟什么样的人交往，就会有什么样的境界和格局。这也直接决定了一个人的眼界、高度及成就。生活在井里的人就只能做井口大的生意，生活在大都市里的人就能做天下的生意。在村里做生意的人，眼睛只会盯着村里那几百口人；在县城做生意，会看到几万乃至几十万的人口；在北京、上海做生意，放眼望去，看到的是全国乃至全世界的市场。如果仅仅局限于自己的一亩三分地，眼睛看到的就只能是井口大小的那块天。格局决定了一个人的能力上限，倘若一直突破不了这个上限，就永远也发现不了自己的愚蠢。两个人在墙角谈梦想：捡粪的人说，如果我当了皇帝，这条街的粪都归我捡，别人来捡就抓他。挑柴的人说，如果我当了皇帝，就用金子做个金扁担来挑柴。正所谓"再大的烙饼也大不过烙它的锅"。在路上讨饭的乞丐，会嫉妒比自己讨得多的乞丐，但不会嫉妒花钱大方，拎着大包小包走在街上的行人。因为在他认知的世界里可攀比和一较高下的只有乞丐。同理，长期生活在一个封闭环境里整日为温饱不停忙碌的人，胸怀和格局就无从谈起。

　　大格局者大胸怀。曹操在官渡之战胜利后，从袁绍处搜出数百封曹营文臣武将写给袁绍的信。其子曹丕建议曹操按照写信人的名字抓捕并统统杀掉。曹操说当初袁绍势大,我尚且没有把握战胜他,其他将士想为自己找个后路情有可原;倘若统统杀之,文臣武将会损失过半,如何统一天下!然后命令曹丕将书信当着大家的面全部烧掉了。那些写信的人感恩曹操的大胸怀,从此对曹操忠心耿耿,同仇敌忾。一滴墨水,滴在水杯里,水立刻变黑;滴在大海里,海水没有任何变化。同一件事,发生在小肚鸡肠者身上会暴跳如雷,发生在心胸宽广者身上只会微微一笑。大胸怀者方有大格局,大格局者方可成就大事。

格局越大的人越懂得自我反省,提高自我认知。只有无知的人从不反省自己,总是自以为是,一幅高高在上的样子。大格局者知道人外有人,天外有天,从不恃才放旷,目中无人。恰恰相反他们常常放低身段,向人求教。孔子师从项橐的故事就颇发人深省。拥有三千弟子的教育家向一个孩童拜师求教,能有几人做到。现实中恰恰是放不下面子的自以为是,阻挡了我们的求知路、修行路。"三人行,必有我师焉",适用于每一个时代,每一个人。

礼貌和尊重是大格局者基本的修养和境界。鲁迅在《理解尊重》里说:"我以为别人尊重我,是因为我很优秀，后来才明白，别人尊重我，是因为别人很优秀。"格局小的人强势、傲慢，格局大的人随和、谦卑，不管是对富贵者还是贫穷者都礼貌有加。一位总统带着孙子散步，有个乞丐向他鞠躬敬礼，总统马上驻足还礼，而且腰弯得更深。孙子不解："他只是个乞丐啊！"总统回答："我决不允许一个乞丐比总统更有礼貌！"

大格局者拥有长远的眼光并具有深刻的洞察力，不会被眼前的短期利益蒙蔽。格局小或没有格局的人见利忘义，得意忘形；大格局的人见利思害，懂得取舍。楚国名相孙叔敖就是这样一位知利害，懂取舍的人。《智囊全集》记载：孙叔敖知道自己将要去世，告诫他的儿子说：我生前，楚王多次封赏我，我都没要。我死后，楚王肯定会封赏你。若赐你金银财宝，你都不要，只要一块地就行。楚王有一块地名叫寝丘，偏僻贫瘠，楚人把它当成鬼虫出没的地方，越人也认为这个地方不祥。若想让咱们的子孙后代长久，你只能选这块地。后来，孙叔敖去世，楚庄王果然要赏赐他的儿子，他的儿子不要其他东西，也不要其他的封地，坚持要寝丘之地。楚庄王无奈，只好把孙叔敖的子孙封到寝丘。事实证明，孙叔敖具有先见之明。春秋战国时期，群雄逐鹿，战火不断，占据肥沃土地的人们早已被群雄瓜分。只有孙叔敖的子孙拥有的被人瞧不上的寝丘，免遭劫难，得以保存。

境界篇

大格局的人凡事求诸己,懂得外求于物不如内求于心,遇到问题不是从外面寻找借口,更不是一味地把责任推给别人,而是从自身寻找原因。有两个邻居,一家和睦相处,一家天天吵架。一天,整日吵架的邻居到和睦相处的邻居家学习,正巧碰见儿媳妇端着菜从厨房出来,掉在了地上。婆婆忙说:"是我不好,刚拖了地,把地弄滑了。"儿媳妇说:"是我不小心,跟地滑没关系,下次一定注意。"来学习的邻居一下子明白了。小到家庭成员之间,大到社会这个大家庭,凡事能从自身找原因的人基本上都能不断上进,学识修养都能步入一个更高的境界,家庭事业也都能渐入佳境。而那些凡事向外求,一味把责任推到外界的人基本没什么长进,家庭关系,同事关系也都非常一般。

大格局的人只求无愧于心,明白再优秀的人也无法做到让每一个人满意;不会在意别人说三道四,甚至妄议,更不会因为别人的议论影响自己的心情和事业。王阳明平定"宁王叛乱"后立下大功,却遭到奸臣的嫉妒和陷害,但他并没有因此心灰意冷,而是运用自己的智慧化解了个人的安危,继续为朝廷尽忠,为国家尽力。格局小的人往往会因为陷于流言蜚语而不能自拔,有的甚至因无法承受而轻生。大格局者不管面对怎样的风吹浪打,也能泰然处之、闲庭信步;小格局者即使有轻微的风吹草动,也会心神不安、失魂落魄。

　　大格局的人阅历丰富、思想深刻，遇事常常能第一时间预见结果，懂得控制情绪，处理起事情来分寸感拿捏得当。雅量高致，不拘小节，遇事大多能一笑置之。因此一眼就能看透事物本质和一辈子也看不透事物本质的人命运注定是不同的。大格局者活得明白，看轻外物，不纠结得失。深谙事物发展的规律，明白福祸转换的原理，不会在顺境中得意忘形，逆境中消极沉沦。知道凡有所相，皆是虚妄，故能放下我执。不会透支健康甚至生命去追求外物，凡事拿得起，放得下。知道自己能力圈的边界，不会好高骛远，只做自己能力范围内的事，事事都能做成做好。知道生命有限，知识无涯，故能活到老学到老，修行终身。懂得道法自然，凡事不可强求，故能遵循规律，尽人事听天命。

　　稻盛和夫说："我站在一楼，有人骂我，我听到了很生气！我站在十楼，有人骂我，我听不清，还以为他在向我打招呼。我站在一百楼，有人骂我，我根本听不见，也看不见。"高度决定格局，高度不够，看到的都是问题；格局太小，看到的都是眼前。大成就者无不是大格局者，官场上的每一个职位，都是格局的外在表现；商业上赚到的每一分钱，都是对这个世界认知的变现，亏掉的每一分钱，也都是对这个世界认知的缺陷。

境界篇

环境、阅历、知识、智慧、修养等共同发力,才会让一个人拥有大格局的意识,造就全局的视野,具备深刻的洞察力和系统性的思维,带来更高的认知,撑起更高的境界,拥有博大的胸怀和更大的格局。

第二十六章　阅读

阅读的最高境界，是学以致用。

人的组织结构、器官功能都是一样的。区别之处在于脖子上面的脑袋，有的人脑袋里装满了知识和智慧，有的人脑袋里空空如也。前者博学多识、文明高雅，遇到任何问题都能举重若轻，轻松解决。后者一无所知、庸俗不堪，遇到问题要么一筹莫展、要么盲目蛮干。人的聪明才智基本来源于书本和实践。书本凝聚着古今圣贤的学识智慧，实践中的经验和教训使人成熟成长。如果一个人既不能从书本获得知识，吸取智慧，也不能从实践中积累经验，自我反省，基本就注定了平庸的一生。

人类自有文字记载以来，流传下来的书籍不计其数，天文、地理、人文科学、历史，传记等门类繁多。一个人即使从一出生就开始阅读，到死也读不完所有书籍。庄子感叹说："吾生也有涯，而知也无涯。以有涯随无涯，殆已！"面对没有穷尽的知识，极为有限的生命，对于喜欢阅读的人来说，必须有选择性。什么书都读，可能什么书都读不好。读一本无聊的书，受其消极思想的影响，还不如不读。德国思想家歌德说："读一本好书，就等于和一位高尚的人对话。"周国平说："一个经常在阅读和沉思中与古今哲人、文豪倾心交谈的人，和一个沉湎在歌厅、肥皂剧以及庸俗小报中的人，他们肯定生活在两个绝对不同的世界上。"这些都强调了读好书的重要性。现实生活中有明确目标的人大多选择跟自己的目标和专业有关的书籍来阅读，更多的人是根据自己的喜好来选择。不管是选择读哪种书，都必须思考才会有所得。英国作家波尔克说："读书而不思考，等于吃饭而不消化。"强调了读书时思考的重要性。

　　说读书无用的人基本上是没有读过书或者是不愿意思考、头脑僵化的人。他们只是凭借自己头脑里固化的经验来对这个世界加以理解和评判，符合其观点的就是对的，反之就是错的。还有的人因为看到有些高学历的人并没有谋到高位或赚取更多钱，生活得不是很如意，就以此来断定读书无用。现实中虽不乏这种情况，但将其归咎于读书无用却是错误的理解。这类惯于以偏概全的人只会读死书，死读书，把自己读成书呆子。这就是他们之所以读了很多书，也懂得很多道理，但最终也没能过好这一生的原因。一方面可能是所学内容跟社会脱节,失去了用武之地;另一方面就是因为读书时不思考,如同"水过地皮湿",看上去好像读了很多书,其实没有吸收多少。读书不思考也就谈不上学以致用,只是空有一堆毫无意义的理论而已。王阳明的"知行合一"告诉我们一个道理,只有"行",才算"知",即知就是行,知行一体方为知,不能运用到实践中的"知"就是不知,不能学以致用的读书就是没有读书。

古代拥有修身、齐家、治国、平天下理想的士大夫们,基本上都是通过读书走上仕途的。正是因为他们将书中的知识转化成了治国理政的智慧,才有了"为天地立心,为生民立命,为往圣继绝学,为万世开太平"的家国情怀。北宋著名政治家,宰相赵普所说的"半部《论语》治天下",就是通过学习《论语》治国安邦、学以致用的典范,解释"学以致用"才是读书的终极目标。唐朝名将张巡通过借鉴三国时期诸葛亮"草船借箭"的故事守护了城池。唐朝中期,安禄山叛乱,叛军以破竹之势席卷中原,唐明皇李隆基外逃避难。不少地方官纷纷投降。公元756年七月,叛将令狐潮围困雍丘(今河南杞县),张巡率领守城官兵苦战四十余日,据守不降。眼看城中的箭都用完了,张巡令将士们捆扎了上千个套着黑衣的草人。晚上,将士们用绳子将这些草人往城下悬放,令狐潮的士兵发现有人缒城，急忙以箭射之。过了很久才知是草人，发现上当。张巡率领将士们用得来的这数十万支箭继续与叛军对抗。又一天夜里，张巡故伎重演，贼兵看到后以为张巡又来骗箭，就不再防备，殊不知这次缒城的是五百个真人。缒城后，他们以迅雷不及掩耳之势杀向令狐潮的军营，打败潮军，张巡军队大获全胜。这就是阅读历史并从中受益的案例之一。阅读最大的获益者就是那些会思考、善于思考并学以致用的人。

书是人类智慧的结晶。阅读书籍跟拥有智慧的密切关系怎么强调都不为过。法国启蒙思想家狄德罗说："不读书的人，思想会停止。"读书的人因为不停地思考，思想会始终处于活跃的状态。这一点在巴菲特和芒格身上得到了验证。查理·芒格说："我这辈子遇到的聪明人（来自各行各业的聪明人）没有不每天阅读的——没有，一个都没有。沃伦读书之多，我读书之多，可能会让你感到吃惊。我的孩子们都笑话我。他们觉得我是一本长了两条腿的书。" 90多岁的巴菲特和查理·芒格依然具有无比清醒的头脑、深刻的思想及洞察力，他们执掌的伯克希尔哈撒韦公司几十年屹立不倒。他们之所以能成为全世界公认的股神，跟他们活到老、学到老，以及持续不断地阅读和思考密不可分。现实中很多人对历史、哲学、地理等人文知识和其他自然科学知识一无所知，面对稍微复杂点的问题就一脸懵,不能用知识和智慧去解决。正如罗曼·罗兰所说:"成年人慢慢被时代淘汰的最大原因,不是年龄的增长,而是学习热忱的减退。"

有人说:"我读过很多书,但后来大部分都被我忘记了,那阅读的意义是什么?"现代思想家、文学家胡适的回答是:"当我还是个孩子的时候,我吃过很多食物,大部分已经一去不复返而被我忘掉了,现在已经记不起来吃过什么了。但可以肯定的是,他们中的一部分已经长成了我的骨头和肉。而阅读对我的改变也是如此。我看过的书,结交过的人,最后都会沉淀下来,变成我的骨头和肉。"这就是阅读带来的潜移默化的改变。它让一个人在不知不觉中养成了独立思考的习惯,拥有了自己的思想;让一个人在不知不觉中变得胸襟宽广,变得视野开阔,变得格局广大。从不阅读的人,日常生活中所谈无非是饮食起居、家长里短,停留在最原始的生命状态;博览群书的人因为认知的提升,不管是日常所谈还是处理问题时都会不知不觉地融入古今中外的文化知识,进入一个更高层次的思维和境界,举止言谈中都透露出书香的魅力和儒雅的气质。正因此,博览群书的人不仅对大千世界有了客观的认识和理性的思考,还从中发现了自我,遇见了更好的自己。

阅读不仅让一个人变得优秀,有时候也能对一个人的性格产生巨大影响。阅读可以让一个相貌丑陋的人变得自信、一个傲慢自大的人变得谦虚谨慎、一个固执己见的人变得客观理智、一个凶狠残暴的人变得善良慈悲。培根说:"凡有所学,皆成性格。"人类的各种缺陷,包括无知、固执、傲慢、偏见、嫉妒、暴躁、残忍、无理取闹、缺乏教养等都可以通过读书来加以改变。浮躁的社会里,忙碌不堪的现代人,如果能静下心来读几本好书,其实就是给自己的心灵找到了一块净土,使迷茫的心灵得以安静,不再那么焦虑不安。如果除了追逐物欲就是刷视频、玩游戏,自己的心灵便会渐渐变得荒芜。这既是对一代又一代流传下来的人类优秀文化成果的辜负,也是对自己濒临空白的大脑的不负责任,最终只能在浑浑噩噩中泯然众人。

古诗云:"胸藏文墨怀若谷,腹有诗书气自华。"读书越多,就会发现自己知道得越少,从而更加谦卑,更加注重阅读和思考,更具君子之气。博览群书方能发现每一个时代都有那个时代特定的历史符号,那个时代的思想观点即使并不标准,对于那个时代特定的人物、特定的事件来说,也都有其特定的历史烙印,我们不能以今人的是非标准妄自评判。每一个国家都有自己独特的历史渊源和人文环境,有着各自的文化差异,我们不能以自己的价值观去理解和衡量。每一个人都有其生长的特定环境，文化背景、生活习惯、人生追求虽然不同，但每一个生命都有它存在的独特价值。阅读让我们学会了尊重历史，尊重不同的国家和民族，尊重他人不同的三观，尊重不同的衣着打扮、文化习俗及人生追求，懂得了敬畏并包容每一个生命。学会了辩证地看待一切，知道了世上本就没有绝对的是非对错，所谓的是非对错不过是所处历史阶段的不同和每个人的认知视角不同而已。

这，就是阅读的价值！

境界篇

第二十七章　孤独

没有孤独，何来思想。

人类自诞生以来，就以群居为主，原始社会的猿人成群结队居住在天然的洞穴里。现代人组成一个村落或者一个城市，集中居住在钢筋水泥建成的楼房里。尽管人类的进化达到了前所未有的程度，但始终没有摆脱群居的本能。一方面可能是出于安全的需要，另一方面是相互协作的需要，因为很多事情单靠个人的力量是无法完成的，只能依靠群体的力量。当然，社会的发展和进步也是群体力量推动而成的结果。但古斯塔夫·勒庞①说："一旦孤立的个人成为群体中的一员，那么他个人的智力就会急速下降。"也许正是个人力量的弱化才凝聚成了强

---

① 古斯塔夫·勒庞（1841年5月7日—1931年12月13日），法国社会心理学家、社会学家，群体心理学的创始人，有"群体社会的马基雅维利"之称，代表作《乌合之众》。

大的群体力量，推动了人类社会的发展。

苏格拉底拿着一个苹果，慢慢地从每个同学的座位旁边走过，一边走一边说："请同学们集中精力，注意嗅嗅空气中的气味。"坐在前排的同学首先举手说："我闻到了，是苹果的味道，挺香的。"苏格拉底再次举着苹果，从每一个学生面前走过，边走边叮嘱："同学们务必集中精力，仔细嗅一嗅空气中的气味。"绝大多数同学都举起了手。当他第三次走到同学们中间，问同样的问题，除了一个学生外，其他学生全部举起了手。苏格拉底把苹果拿到没有举手的这个同学面前说："再仔细闻一下。"这位同学左右看了看，也慌忙举起了手。苏格拉底的笑容不见了，他举着苹果缓缓地说："很遗憾，这个苹果是用蜡做的，根本就没有味道。"其实没有举手的这位同学并没有闻到任何气味，只是因为担心被嘲笑，被群体孤立而举起了手。

越是大智大慧者越孤独，懂他的人越少，往往不被世俗所容纳。老子说："知我者希，则我者贵。"尤其是处在群体被愚昧和无知蒙蔽了的社会环境中的时候，会给那些超前的洞悉真理的智者带来灭顶之灾。意大利科学家乔尔丹诺·布鲁诺就因为捍卫和发展了哥白尼的太阳中心说，被当作"异端"烧死在罗马广场。古希腊哲学家苏格拉底因主张无神论和言论自由，被瑞典人判处服毒自杀。尽管他的思想为欧洲哲学研究开创了一个新的领域，对后世的西方哲学产生了重大的影响，但在一个愚昧的社会和群体里，悲剧的发生仍不可避免。不得不说，有时候，从众也是一种不得已而为之的自我保护的选择。

当群体都面临存亡危机的时候，那些敢于摆脱群体、游离于群体之外的孤独者将有生存下来的可能，但事实上很难，因为这需要极大的勇气。法国心理学家约翰·法伯做过一个"毛毛虫实验"，他把许多毛毛虫放在一个花盆的边缘上，首尾相连，围成一个圈，并在花盆边缘不远处撒了一些毛毛虫爱吃的松针。毛毛虫一个跟着一个，绕着花盆的边缘一圈一圈地走，一个小时过去了，一天过去了，又一天过去了，这些毛毛虫还是夜以继日地绕着花盆的边缘转圈。一连绕了七天七夜，最终，这些毛毛虫因为饥饿和精疲力竭相继死去。直到累死、饿死，也没有一个毛毛虫到不远处去吃松针。也许队伍中的每一条毛毛虫都在想：不远处肯定没有吃的，如果有吃的，其他毛毛虫早就去吃了。这是毛毛虫的想法，也是大多数人的想法：既然大家都这么过，那我也跟着这么过就行了，千万不要有其他想法，否则会被别人笑话、被世俗所不容。当产生了一个好的灵感或发现了好的商机时，这类人也不敢去实施，他们怕别人说："你想到的其他人肯定也想到了，再说这么好的商机能轮到你吗？"于是他们就放弃了。就如那些转圈的毛毛虫一样——既然大家都在转圈，我也跟着转吧，要穷一起穷，要死一起死。当疲惫不堪地走完这一生，才终于发现自己不过是另一条毛毛虫而已。

英国哲学家伯特兰·罗素说："大多数人宁愿去死，也不愿意去思考。"

羊群中，当所有的羊都跟着头羊跑的时候，每一只羊都不知道跑向何方，因为羊不会思考，其他羊也不给它思考的时间。回首我们所做的一切，好像真没有几件事是经过自己眼睛的鉴定和大脑的思考去做的。大多数时候，我们是跟随众人的脚步一起跑，我们其实没想过为什么，只是看到大家都在跑，于是也就跟着跑；别人买大房子，我们也跟着买大房子，不管人口多少；别人买车，我们就跟着买车，不管是否是自己的真实需求；别人说什么好，我们就跟着说什么好，不管是不是真好。最后我们在人云亦云中失去了自己判断力的标准，也失去了自我。

群体态度的可怕之处在于它有时候改变的不仅仅是在场者当时的态度，当群体中的个体离开群体时，他依然会受群体思想的影响，一旦他被灌输进这种思想并深信不疑时就会严重影响到他对事物的正确判断。社会心理学领域的先驱人物所罗门·阿希做过这样一个试验：他组织了数个小团队，每组七人，其中六个人为事先安排好的合作者，只有一人是真正的被试验者。他向大家显示下图中的两组线条，其中一张画有标准线 X 线，另一张画有 A、B、C 三条线，让大家判断 X 线与 A、B、C 三条线中的哪一条等长。大家一眼便看出 X 线跟 A、B、C 三条线中的 C 线相等，但被试验者发现其他六人都一致认为答案是线条 B。他因此感受到了强大的压力，从最初的大吃一惊，演变成后来的怀疑自己，最终认可了其他人的观点。而当被试验者独自一人在场时，阿希再问他同样的问题，他还是坚持回答线条 B 才是正确的答案。

他不承认自己是因为群体态度压力才改变的想法，而是认为事情本来就是那样。群体态度有时候绑架了事情的真相，也绑架了真实的自己。权威面前的盲目信任，潮流面前的盲目追随，群体面前的盲目跟从，让冷静、理智、独立、思考渐渐失去了市场。

熙熙攘攘的人流中，孤独者常常被视为另类，但往往，这个"另类"才是真正的思考者。叔本华在《人生的智慧》中说："一个人对与人交往的热衷程度，与他的智力的平庸及思想的贫乏成正比，人们在这个世界上要么选择孤独，要么选择庸俗，除此以外，再没有更多别的选择了。"庸人最大的苦恼是对思想毫无兴趣，为了逃避无聊，他们只能不断地追求现实的东西。毫无疑问，芸芸众生中的绝大多数人选择的都是平庸，大到一座座城市，小到这样那样的群体、组织，几十人一组，三五个人一群，或者聚集在一起做着相同的事，或者围坐在一起议论着什么。他们害怕孤独，一旦离开群体就好像找不到存在感了，就有一种被群体孤立的感觉，根本无法承受一个人的时光。于是，他们只好去追逐社交，选择在热闹和喧哗中打发自己空虚的心灵，或者在闲聊、逛街和不停地购物中排遣寂寞的时光，不想也不愿给自己任何思考的时间，又何谈思想。

理性和冷静通常只存在于孤独的个人中。群体往往容易让人变得急躁、缺乏理性，从而依仗群体的力量变得胆大妄为。古斯塔夫·勒庞说："就行为表现而言，群体和原始人的行动可以表现得非常完美，然而这些完美的表现并不是受到大脑的支配而实现的，群体中的个人是按照他所受到的刺激进而决定自己会有什么样的行动……对于群体中的个体而言,它们没有了不可能的概念,觉得一切都有可能。但孤立的个人却不同,他清楚当他一个人时,他不能去焚烧宫殿,也不能去打劫商店,即使有时会受到这种诱惑,他也可以很容易地抵制这种诱惑。"[1]单独一只羊不会跳下悬崖,但如果它看到羊群中的其他羊跳下悬崖,它就会跟着跳下去。躁动的群体中危险及危害往往会被忽视,现实中破坏性极大的团伙犯罪就是这种心理作用的结果。

伟大的思想产生于孤独中的思考。泰戈尔说:"孤独是一个人的狂欢,狂欢是一群人的孤独。"这是关于个体和群体、思想者和非思想者最精确的描述。还有什么比孤独更好的状态能让思想者狂欢呢?思想的火花只有在孤独中才会跳跃出来,长久不衰地闪耀在人类文明的天空。老子两千多年前的智慧流传至今:"知人者智,自知者明。"尼采的经典语录至今仍闪烁着光芒:"没有可怕的深度,就没有美丽的水面。"

伟大的作品来自孤独者的特立独行。梵高在孤独中自由抒发内心的感情,漠视学院派珍视的教条,完全陶醉于生机盎然的自然景观,集身心之力创作了《食土豆

---

[1] [法]古斯塔夫·勒庞.乌合之众[M].北京:中国友谊出版公司, 2019.

者》《塞纳河滨》等作品。毫无疑问，如果他循规蹈矩于学院派的教条，就不会留下对20世纪的绘画艺术产生深远影响的作品。尽管不肯流于世俗的他的一生是悲惨的，但他孤独的灵魂却是自由的，留给后世的作品更是珍贵的。狂欢是平庸者的通行证，孤独是思想者的墓志铭。

孤独中才可听到来自内心的声音，发现真正的自我。叔本华说："只有当一个人孤独的时候，他才可以完全成为自己。谁要是不热爱孤独，那他就是不热爱自由，因为只有当一个人孤独的时候，他才是自由的。"也许只有沉醉于孤独并乐此不疲的思考者才能真正理解叔本华的这段话。最孤独的时候也是最自由的时候，可以随心所欲地疯狂，释放内心的情绪和压抑，无须考虑他人的感受，也可以静静地发呆，进入自己想要的任何状态，无须顾及他人异样的目光和指指点点。孤独可以让思想插上翅膀飞向苍穹，因为没有什么力量可以干扰和阻挡。

真正的孤独者拒绝平庸，不接受同情。正所谓曲高和寡。李白诗云："古来圣贤皆寂寞，唯有饮者留其名。"庄子说："独来独往，是谓独有；独有之人，是谓至贵。"

孤独中才能独立思考，免受外界的干扰，看透事物的本质，接近事物的真相；孤独中才能清醒，不随波逐流，产生出自我的智慧和思想。唯思想才会让一个人的灵魂变得丰盈且强大。

境界篇

第二十八章　道心

道心者，已脱离人性之本能，与宇宙万物融为一体。

人的心只有一个，不掺杂任何私欲之心称之为"道心"，意即天理；掺杂私欲之心称为"人心"，意即俗常。私欲乃人性之本能，有一定的先天性。普通人修得一颗道心绝非易事，因为真正的道心已脱离人性，与宇宙万物融为一体。

王阳明关于"道心"的解释出现在《传习录》跟弟子徐爱的对话中。徐爱问："道心常为一身之主，而人心每听命，从先生对精一的解释来看，此话似乎不妥当。"先生说："正是的，心亦一个心。没有夹杂人为因素的称道心，夹杂人为因素的称人心。人心若能守正即为道心，道心不能守正即为人心，非人生来就有两颗心。程子认为人心即私欲，道心即天理，如此好像把道心和人心分离开来，但意思正确。而朱熹认为以道心为主，人心听从于道心，如此，真正把一颗心分为两颗心了。天理、私欲不能共存，怎么会有以天理为主要，私欲又听从于天理的呢？"

道心较为普遍和被接受的解释指天理、义理；客观事物的真实存在。《尚书·大禹谟》载："人心惟危，道心惟微，惟精惟一，允执厥中。"大意是人心变化莫测，道心中正入微，惟精惟一是道心的心法，我们要真诚地保持惟精惟一之道，不改变、不变换自己的理想和目标。很多人之所以觉得痛苦、不快乐，就是自己的内心与言行相违背的缘故。目标已经确立，但在实施的过程中遇到困难或者受到其他利益的诱惑，就放弃了。内心明白某件事不能做，但却控制不住自己，导致事后后悔不已。如同有的人虽然已为自己规定好了减肥的目标，却禁不住美食的诱惑，饱餐后又开始后悔。日常纠纷中，面对他人的谩骂挑衅，理智告诉自己要冷静，却控制不住情绪，相互打斗受伤后才开始后悔。不能保持惟精惟一之道，总是在思想与行动的矛盾体中纠结，必然会引起精神的内耗。

道心的大敌是对私欲的执着，特别是对功名、财富、情感的执着。适当的追求无可厚非，但如若太过执着，被冲昏了头脑，不仅不能修成道心，最后往往让自己变成这些名利及情感的牺牲品。吴敬梓笔下的范进是对功名执着的牺牲品，他看到"捷报贵府老爷范讳进高中广东乡试第七名亚元，京报连登黄甲"的报帖后，便兴奋得一跤跌倒，不省人事，醒来后又拍着手笑着跑到集市上。一纸喜报使他欢喜疯掉，对功名的追求向往到了如此痴迷的程度，实乃人生的悲剧。功名心、私欲心太重的人即使侥幸如愿，也大多不能善终。当人太过于痴迷功名时，不仅无缘于道心且距离道心会越来越远。真正拥有道心之人会遵循不偏不倚的中正之道，明心、修身、治世。

　　巴尔扎克笔下的葛朗台是对财富执着的牺牲品，他对金钱的贪得无厌使他成了一个十足的吝啬鬼，尽管拥有万贯家财，可他依旧住在阴暗、破烂的老房子中，每天亲自分发家人的食物、蜡烛。以至于他临死之际也还要看着金子才觉得心里暖和。他沦为一个十足的守财奴，将自己彻底变成了追逐外物的奴隶，度过了可怜可叹的一生。追逐过多的财富，不管是对贤德之人还是对视财如命之人都不是什么好事。《资治通鉴》中说："贤而多财，则损其志；愚而多财，则益其过。"意即贤能的人，如果财产太多，就会磨损他们的志气；愚蠢的人，如果财产太多，就会增加他们的过错。在这一点上，民族英雄林则徐看得极为透彻，他说："子孙若如我，留钱做什么？子孙不如我，留钱做什么。"

郢王朱栋的王妃郭氏是情感执着的牺牲品，郭氏为明朝开国元勋营国公郭英之女。郢王去世后，郭氏悲痛自尽，与夫君合葬。类似的人，他们一旦陷入情感的泥潭，就会把这种情感当成自己的全部，当至亲之人去世后就会精神崩溃，选择用极端的方式来结束自己的生命。一个真正拥有道心的人不仅在于他能获得什么，更在于他能承受失去什么。

不管是对功名的执着追求，对钱财的疯狂获取，还是对情感的深陷痴迷都会让人走向极端：不是在狂欢中忘乎所以，就是在失去中悲痛欲绝。本质上，这些都是私欲支配下的"人心"使然。一个不掺杂私欲的具备"道心"之人面对外物的到来，能得之不喜；面对外物的失去，能失之不惊。如孙叔敖那样，将官位的得失看作是别人给予的，而不是自己所能左右的。既然是别人给予的，跟自己就没有关系，自然就能做到官位降临时不会受宠若惊，趾高气扬；官位失去时不会伤心难过，一蹶不振。

如何去除私欲，从外界功名利禄的泥潭中解脱出来，修成道心？王阳明说："人人自有定盘针，万化根源总在心。却笑从前颠倒见，枝枝叶叶外头寻。"告诉我们是非成败、喜怒哀乐不在外界而在内心，心是一切的主宰。只有修好本体的心，才能做到"心外无物，心外无理"，达到知行合一。但现实中人们总是把一切，甚至是自己的生命都寄托在外物上，这是本末倒置的表现。只有内心才是万事万物的根源，是变化莫测的世界的定盘针。老子说："道生一，一生二，二生三，三生万物。"当我们把这个结论逆推回来，万物回归到三，三回归到二，二回归到一，一切回归到本源，就是道心。道心如明亮之镜，如澄澈之水，万物来时映之，去时不留。当镜子有灰尘黯淡时照不出外物的本来面目，人拥有偏见和私心时便看不清外物的真相。只有不断地擦拭镜子才能保持其明亮，只有时常更新头脑里过时的知识、固化的经验，才能透过纷繁复杂的表象看透事物的本质。如此，方不会被外物迷乱，不会被外物所累，不会沦为外物的牺牲品。

陶渊明那首"结庐在人境，而无车马喧。问君何能尔，心远地自偏"的诗告诉我们，即使身处万丈红尘的喧闹之地，也不会随外界的喧哗而浮躁，因为身在红尘中，心在红尘外。凝寂虚空、安然淡泊的心境，方可不受任何世俗的烦扰。以出世之心做入世之事，方可达到返璞归真的境界，觉知欲望并超越欲望，突显真性情，拥有一颗天地之"道心"，在顿悟中感知内心的充实和能量，愉悦身心。

人心不死，道心不生。私欲心、得失心、福祸心等一切世俗之心不死，天地心、自然心、坦荡心等道心便无法产生。孔子被困于陈蔡之地绝粮七日，困顿饥饿，遭受厄运，却鼓琴弦歌，毫无惧色。庄子面对楚王使者邀请其去做高官，持竿不顾，婉言拒绝：宁做泥水中快活自在之活龟，不做庙堂之上被虚荣束缚之金龟。范仲淹被贬放却心地坦然，不以物喜、不以己悲。古代圣人志士这种困境中的淡然、名利前的淡泊、得失中的胸襟，就是因为他们早已脱离了世俗的名利心、得失心，拥有了常人难以企及的道心的缘故。

道心本质上就是天地之心，不二之心，不求回报、不计较得失之心。当潜心修行，淡泊名利，看透世间万象，达至高境界，自然会成就一颗道心。如此，便可发现生命的本质，洞悉宇宙的真相，达到天人合一的境界。如明镜那样，不将不迎，应而不藏；如天地那样，不管是阳光明媚，还是狂风暴雨，随起随灭，不留痕迹。

生于人世间，不管是荣华富贵，还是粗茶淡饭，都应一切随缘，不骄不怨。喜怒哀乐中与天地万物同频共振，风轻云淡中看轻荣辱得失，时空转换中看淡生老病死。"天地与我并生，而万物与我为一"，消除物我之别与宇宙万物融为一体，与大自然和谐共生，与大道共存。

境界篇

第二十九章　逆思

跟其他人一样去思考，就不要期待有打破常规的惊喜

普通人习惯正面思维，常规思维，当遇到这种思维解决不了的问题时常常一筹莫展，陷于困境。大智者更擅长逆向思维，遇到难题时总是反过来想，从结果倒推回去，把大多数人颠倒的真相再颠倒回来。

老子说："反者道之动，弱者道之用。"意思是对立面的存在，并各自向相反的方向循环转化，是"道"的运动变化的规律和特点。柔胜刚，弱胜强是"道"的作用的发挥和表现。揭示了万事万物运动变化的规律是循环往复，相互转化的。得道者不但能深谙事物相互转化之规律，还能利用这一规律取得巨大成功。最典型的当属被誉为"股神"的沃伦·巴菲特，正是践行自己那句"别人恐惧时我贪婪，别人贪婪时我恐惧"的箴言，利用人性的弱点在股市中如鱼得水，大赚特赚。灾难面前，大多数人看到的是风险，比谁跑得快；极少数人看到的是机会，开始大胆入场。巴菲特就是这极少数人之一，他坚信股灾和天灾一样，只是一时的，终究会过去。1974年10月初道琼斯指数从1000点狂跌到500点，到年底美国股市大跌26%以上，大盘下跌40%，很多上市公司眼睁睁地看着自己的股票市值跌了一半。没有人敢再继续持有股票，每个人都在抛售。只有巴菲特在市场极度悲观，所有人都恐惧时，看到了巨大的机会，进入到市场，开始贪婪地低价买入。正如他说的"只有资本市场极度低迷，整个业界普遍感到悲观之时，获取非常丰厚回报的投资良机才会出现"。他形容自己彼时的心情时说："我觉得我就像一个非常好色的小伙子来到了女儿国。投资的时机到了。"

　　逆向思维之人拒绝"羊群效应，"不会随波逐流，总是反其道而行之。"贾人夏则资皮，冬则资絺，旱则资舟，水则资车，以待乏也。"大意是真正会做生意的商人夏天就收集、积蓄冬天用的皮货，冬天就采办、置备夏天用的细葛布。大旱时就准备雨天用的舟船，下雨大涝时就准备晴天用的车辆，正是这种反季节的思维，使得他们在旺季到来货物缺乏、供不应求时卖出一个好的价格。这在常人看来是不可思议的事情，却在擅长逆向思维之人的眼里是难得的机会和顺理成章。

　　突破常规思维，方可收获不同寻常，取得最终的胜

境界篇

利。历史上具有宏大志向者在实力不强时，尽管跟对手水火不相容，却不会跟对手针锋相对，擅自开战，而是在对手面前显得一团和气，送礼甚至攀亲。西汉初年的"和亲政策"就是这种思维的运用。当时西汉的政权刚建立不久，还不稳固，没有跟匈奴一决高下的能力，就采取了这种"和亲"的方式来示弱，暂时先稳住匈奴。待西汉社会经济得到一定恢复和发展以后，特别是汉武帝时期对匈奴发起了大规模的作战，终结了长期以来匈奴对西汉的威胁，使西汉的北部边境地区得以稳定发展。

现实中我们普通人不希望他人做某件事或发现自己的利益受到损害时，总是针锋相对、据理力争，甚至发生正面冲突，出现受伤流血的悲剧。逆向思维之人与普通人一贯正向思维方式的最大不同在于懂得人性并顺应人性，先给予和满足，然后在对方心甘情愿和不知不觉中将问题化解于无形之中。正如老子所说："将欲歙之，必固张之。将欲弱之，必固强之。将欲废之，必固举之。将欲取之，必固予之。"有个老人爱清净，可附近常有小孩玩，吵得他要命。于是他把小孩召集过来，说：我这很冷清，谢谢你们让这里很热闹。说完给每人发三颗糖。孩子们很开心，天天来玩。几天后，只给每人两颗。再后来给一颗，最后不给了。孩子们生气地说："以后再也不来这里了。"老人清静了。

故事中老人的智慧就源于逆向思维,面对孩子们的吵闹,他并没有对孩子们谩骂、恐吓,甚至强行驱赶;如果那样做的话,孩子们会针锋相对,闹得他不得安宁。老人采取了相反的做法,用物质鼓励孩子们在这儿玩,让孩子们感觉到在这儿玩是给老人带来热闹的,理所当然得到奖赏。于是当老人取消了奖赏时,孩子们便不再为老人"给你热闹"的义务了。老人用这种巧妙的方式,达到了自己清净的目的。

反过来想是逆向思维最主要的特点。数学家雅可比说:"反过来想,总是反过来想。"当单一的正面思维方式无法适应社会中一些复杂的人和复杂的事时,逆向思维就成了解决问题的一个全新的突破口。查理·芒格思考问题总是从逆向开始。《穷查理宝典》中说:"如果要明白人生如何得到幸福,首先要研究人生如何才能变得痛苦;要研究企业如何做强做大,首先研究企业是如何衰败的。大部分人更关心如何在股市投资上成功,查理更关心的是为什么在股市上大部分人都失败了。查理在他漫长的一生中,持续不断地研究、收集关于各种各样的人物,各行各业的年报以及政府管制,学术研究等各领域中的著名失败案例,并把那些失败的原因列成正确决策的检查清单,使他在人生事业的决策上几乎从不犯重大错误。这点对巴菲特及伯克希尔哈撒韦五十年业绩的重要性是再强调也不为过的。"

我们教育孩子时，通常会说："听老师的话，团结同学，路上慢点走。"这固然没有错，但未免太笼统，有时会让孩子感到无所适从。如果反过来这样说："不跟老师顶嘴，不跟同学打架，不横穿马路。"同样的意思这样表达出来，就会更具体，更直接，更容易理解和执行。避免了不该做的事，自然就只会去做该做的事。

逆向思维之人深知物极必反的原理，总能在绝望中看到希望，祸患中看到生机。深知"祸兮福所倚，福兮祸所伏"的道理。亦如"塞翁失马"的故事：靠近边境居住的人中有一个精通术数的人，他们家的马无缘无故跑到了胡人的住地，人们都前来慰问他。那个老人说："这怎么就不能是一件好事呢？"过了几个月，那匹马带着胡人的良马回来了。人们都前来祝贺他们一家。那个老人说："这怎么就不能是一件坏事呢？"他家中有很多好马，他的儿子喜欢骑马，结果从马上掉下来摔断大腿骨。人们前来慰问他们一家。那个老人说："这怎么就不能是一件好事呢？"过了一年，胡人大举入侵边境一带，壮年男子应征拿起弓箭去作战，绝大部分都战死了。唯独他的儿子因为腿瘸的缘故免于征战，得以保全性命。这几乎是一个世人皆知的故事，已流传千百年。之所以再次出现在本书，是因为很多人虽然生活在现代化的今天，虽然都知道这个故事，但真正遇到困难、陷于困境时还是愁眉苦脸、不能自拔，甚至走向极端；遇到好事、喜事时又总是沾沾自喜、得意忘形，乃至乐极生悲。做不到像千百年前的塞翁那样深知祸福转换、事物相互转化的道理，控制不了自己的情绪，调整不了自己的心态。

逆向思维之人懂得强弱转换、放弃反而收获的原理。遗憾的是世人大多追求十全十美，多多益善，忽视了"无所不备，则无所不寡"。大多追求强权、鄙视弱小；忘记了强弱转换是万物之规律。大多追求表面的风光与虚荣、喜新厌旧；忽视了面子只是愉悦了他人的眼睛，里子才是自己的感同身受。明白了人性中的贪多求快，不管是面对投资还是其他问题时，反其道而行之，往往会收到出其不意的效果。

我们平时总是雄心勃勃地说想要干什么，而逆向思维之人能清醒地知道不能做什么，知道做什么可能会导致失败，因而尽量避免不去做那件事。正如那句富有哲理的谚语，如果我知道将来会死在哪儿，我就永远不会去那个地方了。巴菲特告诉世人投资的成功秘诀："第一条，尽量避免风险，保住本金；第二条，尽量避免风险，保住本金；第三条，就是记住上面两条。"告诉我们只有保住本钱不赔钱才是赚钱的前提，而不是像平时那些所谓的专家跟我们说怎样才能赚到大钱，忽视风险的存在。

想要在单位里被重用,先要搞清楚做什么可能不会被重用:迟到早退,偷懒耍滑,背后议论领导同事等。想要保持婚姻的稳定,先要知道做什么会对婚姻造成伤害,甚至导致婚姻破裂:鸡毛蒜皮的事也要发脾气,夜不归宿,搞婚外恋,大男子主义,不做家务,不管孩子等。想要投资赚钱,先要弄明白怎么投资会赔钱:盲目跟风、追涨杀跌、迷信小道消息等,然后去避免。想要有一个健康的身体,延长寿命,先要知道怎么做会给身体造成伤害,避免不去做这些事。真正懂得养生之人不是教你怎么锻炼,怎么吃饭,而是告诉你不要暴饮暴食,以免影响消化系统的正常运行;不要天天大鱼大肉,摄入太多高脂肪;不要吃太多的甜点、饮料,吸收太多的糖分;不要每天懒洋洋地躺在沙发上不活动;不要无节制地抽烟、酗酒。

明白了什么不能做,自然也就知道什么能做。明白了做什么会导致失败,自然也就不再去做,避免了无谓的损失和祸患。

逆向思维的魅力就在于从反常规中寻求突破口,发现事物的根源,于迷茫中拨云见日,豁然开朗。

第三十章　放下

放下过往和执念，收获心灵的解脱和自由。

人类超强的记忆可以记住几十年，上百年的东西。记住美好的东西会让人心情愉悦，但如果把一些仇恨、偏见、烦恼长期储存在记忆里，会让人背上沉重的包袱，心情变得糟糕。长期闷闷不乐、郁郁寡欢会对身心造成极大的伤害。唯有放下，才会让身心放松，放下的是过往和执念，收获的是心灵的解脱和自由。

本是无足轻重之事，却因为长时间耿耿于怀，就会变成具有负面影响的大事，严重压抑情绪，影响身心健康。就像一个人举起一根稻草，再随手放下，就跟没举过一样，不会有任何感觉。如果举一天，会感到臂膀发酸发麻，如果举三天，胳膊可能就抬不起来了。同样面对一件事时，当即放下，释怀了，就跟没发生一样，心情依然平淡无恙。倘若怀恨在心，就跟长时间举着稻草一样，虽然无足轻重，却因日积月累，也会压得透不过气来。现实中，我们常常因为别人的一句话而闷闷不乐，甚至吃不下饭，睡不好觉时，实质就是在长时间举着那根无足轻重的稻草。"南非国父"曼德拉曾被关在监狱里27年。看管他的3个看守经常借各种各样的理由虐待他，摧残他的身体。可是当曼德拉出狱当选总统以后，在就职典礼上却做了一个足以震惊世人的举动。

当曼德拉起身致辞介绍了各国政要并表示出了自己的敬意后，他突然说今天很高兴地邀请到了曾在监狱看管他的3名狱警，说完拖着年迈的身体缓慢地走到3名狱警跟前向他们鞠躬致敬。几乎全世界的人都被他博大的胸怀感染了。

事后朋友对其举动不理解，曼德拉向朋友说，自己年轻时性子急，脾气暴躁，但狱中生活让他学会了控制情绪，管理情绪。狱中的日子教会了他在遭遇苦难时如何处理，在处境艰难时如何生存下来。他说，痛苦与磨难会让人懂得宽容与感恩。当他说起获释出狱当天的心情：当我走出囚室、迈过通往自由的大门时，我已经清楚，自己若不能把悲痛和怨恨留在身后，那么我仍被囚禁在狱中。现实生活中，如果我们始终把痛苦与怨恨定格在脑海里，就永远不会有内心的快乐与阳光。放下仇恨，才能收获灵魂的自由；选择宽恕，原谅的是他人，拯救的是自己。

不为打翻的牛奶哭泣，因为打翻的牛奶属于沉没成本，是哭不回来的，哭泣的时间已经可以赚回另一杯牛奶了。一个卖瓷器的老人挑着扁担在路上走着，突然一个碗掉到地上摔碎了，老人头也不回地继续往前走，路上的人很奇怪，便问："你的碗摔碎了，为什么你连看都不看呢？"老人答道："我再怎么回头看，碗也是碎的。"不要因为错过了昨天的星星而哭泣，否则，还会错过早上的太阳。为已经造成的损失自责，为过去的事后悔，不仅于事无补，还容易长时间使人无法自拔。唯一能做的就是总结经验，吸取教训，调整心态，继续上路。莎士比亚说："聪明人永远不会坐在那里为他们的损失而哀叹，却情愿去寻找办法来弥补他们的损失。"

不因功名的得失大喜大悲，耿耿于怀。《庄子》中记载：肩吾问孙叔敖："您三次当令尹而无炫耀自得之意，三次被免职也没有忧戚不快之色。我开始时对此怀疑，现在见您呼吸匀畅，和颜悦色，您心里到底是怎样想的呢？"孙叔敖说："我哪有什么过人之处啊！让我当令尹我无法拒绝，不让我当我也挡不住。我认识到官位的得失并不是由我做主，这才不再忧戚不快而已。况且不知道可贵的是在令尹呢，还是在我？如果在于令尹，就和我无关；如果在于我，就和令尹无关。我正在驻足沉思，考虑各种各样的政事，哪有工夫顾及什么富贵贫贱呢？"

孙叔敖对官位得失的态度才是真正的放下，可谓得之坦然，失之淡然。然而现实中我们看到更多的是，得官位时，得意忘形，八面威风，趾高气扬；失官位时，怨天尤人，垂头丧气，威风扫地。为官当如孙叔敖，得之，不以官喜，勤政为民；失之，不以官丢，悠然自得。因为官位的得与失，都是别人给予的，不受自己左右，那就不是自己的，所以官位降临时坦然接受，没有必要惊喜，更没必要耀武扬威；当官位丢失时，丢失的也是当初别人给予的，本就不属于自己，所以要淡然放手，没必要牢骚满地，更不必一蹶不振。

很多人特别是手中有点权利的人，心理上存在一个误区，总以为别人对他阿谀奉承，拍马屁是自己多么优秀，多么德高望重。不知道别人的无事献殷勤只是冲着其手中的权力，直到下台或退休后，从在位时的门庭若市到失位后的门前冷落，才明白之前人们巴结尊重的是其手中的权力而不是他本人多么优秀。感叹人走茶凉，世人势力。如果能早意识到这一点，就会勤于政事，虚心待人，而不是目中无人，颐指气使。这就如同你穿着绫罗绸缎，浑身珠光宝气，别人会投来羡慕的眼光；你衣衫褴褛，里外透着一股穷酸气，别人会投来不屑一顾的眼光。其实别人羡慕的是你的绫罗绸缎，而不是你本人；别人不屑的是你的衣衫褴褛，也不是你本人；你又有什么值得骄傲或自卑的呢！只有涵养深厚、品德优秀、没有私心杂念、真正为民谋福祉的人才能意识到这一点，真正做到宠辱不惊，不管在台上还是台下都会受到人们的尊重。

不因财富的多少炫耀或自卑。此刻拥有的一切只不过归自己暂时支配使用几十年而已，三万多天的人生旅途结束时，谁也没法带走一两纹银。不必太过吝惜或执着，我们终究只是宇宙的过客，更何况是财富！庄子曾说，拥有众多的物品却不受外物所役使，使用外物而不为外物所役使，所以能够主宰天下万物。明白了拥有外物又能主宰外物的人，已经能往来于天地四方，游乐于整个世界，独自无拘无束地去，又自由自在地来，这样的人就可以拥有万物而又超脱于万物。拥有万物而又超脱于万物的人，就称得上是至高无上的贵人。万物皆为我所用，皆不为我所有。明白了庄子说的这个道理，就能做到拥有外物而不受外物役使，不受外物的拘束和劳累。不会在追逐外物的路上劳心费神，疲于奔命，也不会患得患失、身心疲惫了。真正明白了在没有多少财富的平淡日子里，依然可以岁月静好。

不因得失祸福忧心忡忡。天有不测风云，人有旦夕祸福。物是人非也好，曲终人散也罢，万物都有定数，

境界篇

一切都是最好的安排。道法自然乃一切事物的规律，上天尚且做不到风调雨顺，月亮尚且做不到夜夜圆满，更何况是人呢！老子曾说，丢弃得失福祸之类附属于己的东西就像丢弃泥土一样，懂得自身远比这些附属于自己的东西更为珍贵，珍贵在于我自身而不因外在变化而丧失。况且宇宙间的千变万化就从来没有过终极，怎么值得使内心忧患！当把这些得失祸福看作是大自然的刮风下雨一样正常时，还有什么放不下的呢！

包袱太重，压力太大，就无法前行。小鸟和老鹰准备飞往太平洋西岸，老鹰准备了四件东西：一个装满半个月口粮的大包裹；一个装满水的大水壶；一个用来休息的小木筏；一个装有各种急救用品的急救包。当它背起这些东西准备起飞时，才发现东西太重飞不起来。

此时的小鸟早已带着一根小树枝上路了。累了，就把树枝放在海面上，站在上面休息一会儿。半个月后小鸟已经飞到了风景美丽的太平洋西岸，而老鹰却还在原地打转。

负重前行不仅会拖垮一个人的身体，也能毁掉一个人对自由和幸福的追求。人如果像老鹰那样背负着功名利禄的包袱，牵挂着荣辱得失，负担着恩怨情仇，怎能不感到身体的疲惫，精神的迷茫，生活的劳累，人生的艰辛！何谈快乐，又如何放飞自己！多少人因为背负着太多的东西还没走到人生的尽头就已经被压垮了。放下包袱，才能轻装上阵；放下怯懦，才能勇敢前行。

放下患得患失之心，才能从容应对生活中的各类问题。一旦有患得患失之私欲，就会情不自禁地把这种情绪传导到大脑中，难以聚精会神于所做之事，身心不能高度集中，自然无法把事情做好。《王阳明大传》曾记载，宦官张忠为了让王阳明当众出丑，让他在京军和地方军面前射箭，结果王阳明三箭连中，让他对这位瘦弱的老者刮目相看。

王阳明在众目睽睽之下是怎么做到心如止水，视周围为无物的呢？冈田武彦解释说："将私欲杂念尽皆清除，正目而视之，无他见也；倾耳而听之，无他闻也。如猫捕鼠，精神心思凝聚融接，而不复知有其他，则神气精明。"克服私欲者，方能结成果。一有私欲之萌，则不能凝神聚气。要做到动处心静，唯去除私欲之心，倘若纠结于"万一射不中怎么办？会不会出丑？会不会丢官？"一旦产生此等杂念，必会紧张，紧张则必分心，分心则不能凝神聚气，也就无法射中。平常人遇事大多私欲太重，患得患失，所以容易失败。唯有如孙叔敖那样放下功名，如王阳明那样去除私欲，才能真正做到"不以物喜，不以己悲"，做到此心光明。

我们平时说的放下，本质上就是去除私欲，包括得失心、荣辱心、嫉妒心、攀比心、抱怨心、仇恨心等。唯有去私欲，不计得失，才能全神贯注于所做之事，做到除了目标及实现目标的行动，此外皆不存在，真正心无旁骛。如此，学生考试时便能真正做到聚精会神，全力以赴，发挥出真实水平；当众演讲时便能做到气定神闲，不再紧张，达到最佳效果；工作中便能尽心尽力，不出差错，高质量地完成任务；生活中便能诚信待人，不存私心，真正做到心底无私、以坦荡之心待人接物。

浩瀚的宇宙已经存在了大约140亿年，而且还将继续存在下去。当坐在几千米高空的飞机上看到地面上的人就是一个小黑点，当坐在几万米高空的宇宙飞船上时，不仅地球上的人、高楼大厦已经看不见，就是地球上最高的珠穆朗玛峰也不过是一个点而已。"山河大地已属微尘，而况尘中之尘；血肉身躯且归泡影，而况影外之影。非上上智，无了了心。"[1]意思是山河大地与广漠的宇宙空间相比只是一粒细小的尘土，而人类不过是微尘中的微尘；血肉之躯相对无限的时间来说只是一闪即逝的泡影，何况外在的功名富贵不过是泡影外的泡影。

没有顶级的修养、高超的智慧，就不会有彻悟真理

---

[1] 洪应明著，张南峭译. 菜根谭[M]. 郑州：河南大学出版社，2021.

之心。在几百亿年的时间里,一个人的一生只能算是一个瞬间;在无际的宇宙空间里,一个人的存在不过是一粒尘埃。人生百年如朝露,世间万象皆浮云。而不能顿悟的人却还在为所谓的你的、我的争斗不已。一个人如果能经常思考一些宇宙天地,人生价值之类的问题,就不会有什么失眠,更不会有什么抑郁症,也不会有大街上,公交车上乃至地铁里因为鸡毛蒜皮的事而争吵乃至斗殴的场景。

迷茫时不妨在静谧的夜晚,独自仰望一下那无尽的星空,会发现宇宙的无穷无尽,人类的渺小可悲,大自然的无始无终,人生的匆匆瞬间。会在不知不觉间看淡世俗社会里的你争我抢、尔虞我诈。再也不会寝食难安,患得患失;自会将功名利禄、荣辱得失视之为过往云烟。

什么高官厚禄,光宗耀祖;什么家财万贯,富可敌国;什么身份等级,高低贵贱。在生生不息的宇宙面前都不值一提,在不卑不亢的星星面前都黯然失色。我们所拥有的所谓的一切,都不过是由我们暂时保管和使用而已,当离开这个世界之日,就是将这一切归还给这个世界之时,唯有丰盈的灵魂和精神财富长留人间。

仰望星空,仿佛听见月亮在说:我目送了你们一代又一代的人类,你们却始终在为私欲争斗奔波,忙碌着那些你们带不走的外物。我且有阴晴圆缺之时,你们人类又何苦那么计较得失成败，在功名利禄的欲望里无休止地争执索取呢！

　　李白放下了，才有"君不见黄河之水天上来，奔流到海不复回"的豪迈；曹操放下了，才有"对酒当歌，人生几何"的感慨；范仲淹放下了，才有"人生荣辱如浮云，悠悠天地胡能执"的洒脱。

　　放下了，才能多一点留在人世间的时间，让自在的身体多呼吸一会儿。

　　放下了，才能让迷茫的灵魂得以解脱，多一些空间和自由！

第三十一章 不争

选择不争，就是选择了涵养、高贵和福气。

凡事喜欢争个高低上下，优劣对错的人，大多比较自我、固执、自私且虚荣心较强。南怀瑾说，生命，只有在被欲望迷乱了的人心中，才一定要分出尊卑高下。不争，是人生至境。

有涵养、修为高的人基本不会跟人争论，尤其不会跟那些既固执又愚昧的人去争论。有一个年轻人去请教一位长寿的智者："请问你是如何做到健康又长寿的？"智者回答说："不与愚者争对错。"年轻人说："不可能吧，哪会有这么简单？做到这一点就能健康长寿吗？"智者回答说："你是对的。"然后眼观鼻，鼻观心，不再理那位年轻人。不与愚者争对错，是一种大度和从容，更是一种自在和洒脱。

与其跟愚者进行低级且无聊的争论，弄得面红耳赤；

不如顺着他，承认甚至赞扬他的观点，既不影响自己的心情，还满足了对方的虚荣心，彼此都很愉快，同时还免得侮辱了自己的智商。马斯克说过一句经典的话："我现在不和人争吵了，因为我开始意识到，每个人只能在他的认知水准基础上思考，以后有人告诉我 2 加 2 等于 10，我会说你真厉害，你完全正确。"

夫唯不争，故天下莫能与之争。很多时候不争不是软弱，而是为了更好地争。清朝康熙年间，胤禛一心为朝廷着想办事，为康熙分忧解愁，没有参与到太子胤礽跟八阿哥胤禩争夺皇位继承人的争夺中，因此没有招致众皇子的嫉妒陷害，最终被康熙指定为皇位继承人。现实中很多人常常喊着什么不蒸馒头争口气，属于毫无意义的鲁莽之争、匹夫之争，不仅争不到什么，最终往往还会自取其辱，甚至受到伤害。苏轼说："古人所谓豪杰之士者，必有过人之节。人情有所不能忍者，匹夫见辱，拔剑而起，挺身而斗，此不足为勇也。天下有大勇者，猝然临之而不惊。无故加之而不怒；此其所挟持者甚大，而其志甚远也。"韩信之所以能忍受胯下之辱，勾践之所以能卧薪尝胆，正是胸怀大志，不逞一时之勇，才有了日后的辉煌。正所谓"水有不争之德，亦有覆舟之力"。

能一眼就看到结果、看到事物本质的人一般不会去做争论不休的傻事，更不会傻到去跟人斗勇斗狠，因为已经预见到了争斗的后果，自然会想方设法去避免这种结果的发生。面对他人的傲慢与愚弄，或者用沉默这种最高级的蔑视来回应，或者巧妙地运用自己的智慧以其人之道还治其人之身，化解对方的愚弄于无形之中。一天，德国大诗人歌德在公园散步，在一条狭窄的小路上遇到了一位反对他的批评家，这位傲慢的批评家说："你知道吗？我这个人从不给傻瓜让路。"歌德却笑着说："我则恰恰相反。"说完闪身让批评家过去。当跟别人发生观点或利益冲突时，无论是选择沉默、回避、还是巧妙地化解，就是选择了大气，选择了高贵。

"水低成海，人低成王。"不争方能以博大胸怀为天下之大事。晚清名臣张之洞对中国民族工业，特别是重工业的发展做出了重大贡献。他的一生贯穿了生前为自己立下的"三不争"原则：不与俗人争利，不与文人争名，不与无谓之人争闲气。"不与俗人争利"是指唯利是图之人最看重利益，为了一己之利会不择手段，不计后果，跟这类人争利是不明智的，所以在利益上要示弱，让他们觉得始终有赚便宜的感觉。"不与文人争名"，常言说"人过留名，雁过留声"。有的人特别是那些文人墨客、士绅官吏都特别在意自己的所谓名声，因此日常交往中，要给他们留足面子，不可跟他们争名，否则就会得罪他们。"不与无谓之人争闲气"就是不跟那些无关紧要的人争输赢，论长短。输了，影响心情；赢了，得罪对方。所谓的"佛争一炷香，人争一口气"只是情绪使然，于事情本身没有意义。

不争就是慈悲，不辩就是智慧。佛之所以被人跪拜，就是因众生有什么心愿都可以向他倾诉，不管你的心愿是否切合实际，也不管你说了什么做了什么，他都不争不辩，所以成了慈悲和智慧的化身。

人与人之间的观点之争、对错之争，本质上没有多大意义。因为有些事无所谓对错，所谓的对错只不过是每个人认知不同、站的角度不同而已。一味地争论不仅不会得到，反而会失去。亲朋好友间的争论，往往赢了面子，输掉了亲情友情；陌生人间因为一些鸡毛蒜皮的小事争斗，浪费了时间，消耗了精力。特别是当争论上升到双方互殴时，不仅会损失钱财甚至导致身体受伤害。不管跟谁争，都是得不偿失，没有真正的赢家。还有利益之争，有些利益，不是你的，终究争不来，是你的，别人也拿不走。对于那些本就不该属于自己的东西不要勉强去争抢。得之我幸，不得我命，顺其自然也许会更好，否则将反受其害。

不跟不在同一层次的人争论。有个人拜访子贡，问：一年有几季？子贡说，春夏秋冬四季。那人说，错，只有春夏秋三季。两人争论不下，去问孔子。孔子观察来人后说，是的，只有三季。来人满意离开。子贡不解。孔子说，来人一身绿衣，分明是田间蚱蜢。蚱蜢春生秋亡，一生只有春夏秋三季，哪里见过冬天。在他的思维里，完全没有冬天这个概念，你和他争论三天三夜，都不会有结果的。对这类认知有局限性的人，庄子说过一段精彩的话："井蛙不可语于海者，拘于虚也；夏虫不可以语于冰者，笃于时也；曲士不可语于道者，束于教也。"意即不要跟井底之蛙谈大海，是因为它们受狭小居处的局限，没见过大海；不要跟夏天的虫子谈冰，是因为受到时间的限制，它们活不到冬天；不要跟乡曲之人论道，是因为他们受制于不高的教育程度，理解不了。因此对那些明知没有结果，却还要跟人家谈经论道甚至争论，就是对牛弹琴，多此一举，只会徒费口舌甚至是自取其辱。

现实中的很多不愉快，甚至很多悲剧都是由争吵引起，继而丧失理智，做出了让自己后悔终生的事。其实生活中只有大约10%的事情是身不由己的，而90%的事情是可以由自己控制的。"费斯汀格法则"指出生活中的10%是由发生在你身上的事情组成，而另外的90%则是由你对所发生的事情如何反应所决定。也就是说生活中90%以上的事情根本就没必要去争论，其中的关键就在于个人的认知水平、修养上。同一件事，有的人处理起来如春风化雨，达到润物细无声的水平。据传佛祖释迦牟尼在世时常受到某个人的诽谤，有一天这个人遇到了释迦牟尼并对他漫骂侮辱，等对方骂完了，骂累了，他说："我的朋友，如果一个人送东西给别人，对方却不接受的话，那么这个东西是属于谁的呢？""当然是那个送东西的人的啦！"

"你一直在骂我，如果我不接受的话，那么这些话是属于谁的呢？"那个人顿时语塞。

有的人则会争得脸红脖子粗，乃至闹到大打出手，两败俱伤的结局。越是固执虚荣、处处都想自我表现的人往往越喜欢争强好胜。如果是就事论事，单纯地只是对某个问题争论，也不会造成彼此多大的伤害，可现实中往往在争论的过程中容易发展到对彼此人身的攻击。哪怕是因为鸡毛蒜皮的小事，也可能会酿成悲剧。两人相逢于独木桥，富人仗着自己财大气粗，不肯让步。穷人仗着自己一无所有，光脚的不怕穿鞋的，也不肯让步，于是两个人同时掉下桥摔死了。

生活中真正层次高的人一般不会跟层次低的人争论。一方面他们懂得并不是生活中的每一个人都有他们的高度和境界；另一方面他们擅长换算争执的成本。不争论不会失去什么；一味地争论会影响自己的心情，甚至导致彼此拳脚相加，两败俱伤，同时也浪费了自己宝贵的时间。因此遇到这类人和事时，大多选择不去计较。夫唯不争，故无尤。正因为不争，才不会招致怨恨。从这个角度而言，选择不争其实就是选择了一种福气，既避免了让自己生气，也避免了身体受到伤害。

不争的最高境界是"天之道，利而不害；圣人之道，为而不争。"意思是自然之道，规律之道就是使万物获利而不加任何伤害；圣人的行为准则就是只为他人谋福利而从不与人相争。摒弃一切争权夺利之举，放下一切贪得无厌之私心，以宽广博大之胸怀拥抱世界，包容万物，时时抱有利他之心，如圣人那样但求耕耘，莫问收获。用自己的慈善仁爱为这个世界带来光和热，这个世界也会本能地反馈给他，使他如火种般在人们心中燃烧。不管是天道、人道、自然之道、还是儒家的仁义礼智信，几千年来一直生生不息，被世人遵循并践行，就是其中的利他思想和不争的缘由。

一个站在珠穆朗玛峰上俯瞰的人，一个悟透世间人事乃至宇宙万物的人，不会再跟任何人去争论，不管对方是对是错。杨绛说："我和谁都不争，和谁争我都不屑。"庄子说："古今亿百年，无有究期，人生其间数十寒暑，仅须臾耳，当思一搏；大地数万里，不可纪极，人于其中寝处游息，昼仅一室，夜仅一榻耳，当思珍惜；古人书籍，近人著述，浩如烟海，人生目光之所能及者，不过九牛一毛耳,当思多览;事变万端,美名百途,人生才力之所能及者,不过太仓之粒耳,当思奋争。然知天之长,而吾所经历者短,则忧患横逆之来,当少忍以待其定;知地之大,而吾所居者小,则遇荣利争夺之境,当退让以守其雌……"

人生苦短,不过几十年,一个瞬间罢了。有太多的宇宙奥秘需要去探索,以开阔自己的视野;有太多古今中外的经典书籍需要去阅读,以提高自己的认知;有太多的自然风光需要去欣赏,以陶冶自己的情操;有太多音乐艺术的瑰宝需要去领略,以唤醒自己的灵魂。只争朝夕尚且来不及,哪有时间跟人进行毫无意义的利益之争,对错之论。倘若凡事计较,睚眦必报,一生都会在你争我夺中度过,往小处说影响情绪,导致身心疲惫;往大处说是在浪费仅有一次的生命,是对生命的辜负。

第三十二章　修养

修养可以成全一个人的高度，使其站在上帝的视角，俯视万物。

　　修养的书面解释：修养即修身养性，修身就是让自己的心灵得到净化、纯洁。在道德、情操、理想、意志等各方面能够保持良好的修炼心态，持之以恒，修身终身。养性就是使自己的本性不受损害，通过自我反省体察，使身心达到完美的境界。个人修身养性不仅包含了为人、修身、处事的智慧，还包含着始终要有一颗平常心去应对日常的烦恼和不幸。

　　现实中修养较高的人做人低调内敛，做事考虑周全深远。既有以大局为重的胸襟，又有成全他人的高度。清朝名臣左宗棠擅长下棋且棋艺高超。征战途中，经常微服出巡，一次在兰州街上看到"天下第一旗手"几个大字十分醒目，走近一看，原来是一个摆旗阵的老人竖起的招牌。他顿时觉得这位老人狂妄自大，就走上前跟老人较量。不曾想，几盘棋下来，老人全输了。他认为老人是在招摇过市、故意卖弄，于是斥责老人拆掉招牌，以免丢人现眼。

当左宗棠征战归来，发现那个老人居然又把牌子竖起来了，他有点生气，于是再次上前跟老人较量，令他没想到的是，自己竟然三战三败，全输给了老人。不服输的他第二天再去挑战，结果又是一败涂地。他不解地问老人何以在如此短的时间内棋艺大长？老人笑着说："上次你虽微服出巡，但我一看就知道你是左公，而且即将出征，所以让你赢，好使你有信心立大功。如今你凯旋，应该戒骄戒躁，我就不再客气了。"左宗棠听了敬佩不已。

看破不说破，看穿不戳穿，给人留足面子，不伤害他人的自尊心，这是对他人的尊重，是善解人意的风度，更是自己的修养所在。一看到别人犯错就迫不及待地去指点说教，以彰显自己的专业和别人的愚蠢，是没有修养的表现。

作家刘墉讲过一个国画大师黄君璧生前的故事。曾经有一位妇人从国外买了四幅自认为价值连城的古画，请黄君璧鉴别真伪。黄君璧看到兴奋不已的妇人问道："这些画您都已经买下了吗？"妇人高兴地说自己花了大价钱才从国外抢回来的。说着命令随从将四幅画逐次展开。黄君璧看到第一幅画展到一半时就皱起了眉头,假的。陆续展开的第二幅画还是假的。看到第三幅画他凝视半晌说:"这位画家的作品,我不内行,虽说不准,但看得出来画家的笔法相当老练。"

看到第四幅才展到三分之二时就连连叫好:"这幅看起来不错,有欣赏价值!"

妇人听罢,有些失落,可想到有两幅或许是真迹,又欣喜不已。

望着妇人渐渐离去的背影,黄君璧叹了口气:"冤枉啊,花了那么多钱,四幅都是假画。"刘墉惊讶道:"既然都是假画,刚才为什么不说呢?"黄君璧说:"她已经买了那些画,无论真假,已成定局,她对自己的眼光那么有自信,又已经花了那么多钱,而且当着那么多她的随从,我能说是假的吗?以后找机会再提醒她吧。钱对她来说是小事,伤了她的面子,可就是大事了。"

放低身段、辞尊居卑是尊重他人,也是赢得他人尊重的修养。人际交往中,很多时候我们无法知道他人的心思,唯恐自己言行不当,得罪于人。但如果能放下身段,俯下身子,让他人有存在感时,自己的内心跟周围的人、环境就会融为一体,不知不觉中就能感知到他人的心思,被他人及环境所容纳。曾国藩年轻时浮躁傲慢,不受人待见。但第二次出山时最大的变化就是改变了自己,他

境界篇

出山后第二天就写信给左宗棠告诉他出发的时间、地点；之后又亲自登门拜访，让左宗棠甚为感动。他还很谦虚地向各地巡抚请教。曾国藩的一系列谦卑的举动让这些人有了明显的存在感，在之后的工作中得到了这些人的帮助，逐渐站稳了脚跟。曾国藩的好友胡林翼评价：渐驱圆熟之风，无复刚方之气。

在这个个性张扬、几乎每个人都在刻意自我表现、刷存在感的年代，容忍并满足他人的这种自我表现的欲望，成了一种不可多得的修养。查理·芒格在《穷查理宝典》中说："你们也必须在你们自己的认知和行动中允许别人拥有自我服务的偏好，因为大多数人无法非常成功地清除这种心理。人性就是这样。如果你们不能容忍别人在行动中表现出自我服务的偏好，那么你们就是傻瓜……人们一旦拥有某件物品之后，对该物品的价值评估会比他们尚未拥有该物品之前对其的价值评估要高。"现实中那些具有自我服务偏好的人总喜欢夸赞自己的孩子聪明、懂事、漂亮；总是喜欢炫耀自己的房子位置好、大气宽敞，房型好；显摆自己的衣服高档、华贵、与众不同。自己没有某个东西时总说这不好，那不好，等自己有了这个东西时就说哪里都好。有修养的人会容忍他人这种自我表现的偏好，因为满足了其虚荣心、优越感。这样一来在赢得了对方满意的同时，也获得了其对自己的好感和尊重。如果一味实事求是地跟他理论，只会招致彼此的不愉快。

　　修养提高的过程是认知不断突破自我的过程。子曰："吾十有五而志于学，三十而立，四十而不惑，五十而知天命，六十而耳顺，七十而从心欲，不逾矩。"孔子说："我十五岁时立志做学问，三十岁时懂得礼仪，可立身于世，四十岁时遇事有主见而不迷惑。五十岁时能正确认识自己，知道自己能够做什么，不能做什么，六十岁时能正确对待各种言论，不觉得不顺，七十岁能随心所欲而不越出规矩。"圣人之所以成为圣人，就是这种孜孜以求的学习精神及实践中不断积累，使知识智慧不断增加，自己不断成长。修养是学识的日积月累，是自我反省的日积月累，是知行合一的日积月累。每天进步一点点，感悟到了就是突破，每一天的自己都比昨天的自己优秀一点，日久天长就成了一个修养高深之人。

　　修养是欲望的减少，是安贫乐道中的知足。孟子曰："养心莫善于寡欲。其为人也寡欲，虽有不存焉者，寡矣；其为人也多欲，虽有存焉者，寡矣。"意即修养自己的心，最好的办法莫过于减少欲望。如果为人处世少有欲望，虽然没有多少东西留存，会觉得东西是多的；如果为人处世欲望很多，虽然留存有很多东西，也会觉得东西是少的。因为贪婪的心总没有满足的时候，不管拥有多少，心理都不会平衡。即使睡在再高级的床上也无法入眠，也在权衡利弊，计算得失。即使天天山珍海味，也食不知味，因为心思都在绞尽脑汁地索取。无尽的欲望是修行路上的绊脚石。修养高深之人，欲望往往很少，但却很知足，很幸福。弘一法师一日两餐，餐餐萝卜白菜，却吃得津津有味，从不觉得生活之苦。富兰克林在其自传里说："我吃得非常简单，往往是一块饼干或者一片面包、一把葡萄干或者从点心铺买来的一块水果馅饼，外加一杯白水，吃完以后，趁他们还没有回来，就利用这段时间学习。这样，我取得了更大进步，因为节制饮食可以使人头脑清醒，领悟也十分敏捷。"修养高深之人不会把时间精力用在吃吃喝喝上，更不会用在穷奢极欲的摆阔上，而是尽可能地用来学习，提高认知。

修养是宽厚、包容、慈悲，是和而不同的君子之风。北宋时期的王安石和司马光都是朝廷的重臣，但两人治国理政的思想却截然不同，王安石主张变法，司马光主张无为而治，两人经常因政见不同在朝堂上争论不休。但朝堂之下却对彼此的人品相互欣赏，颇具君子风度。

据有关记载：皇帝询问王安石对司马光的看法，王安石大加赞赏，称司马光为"国之栋梁"，对他的人品、能力、文学造诣都给了很高的评价。正因为如此，在司马光失去了皇帝的重用时，并没有因为大权旁落而陷于悲惨的境地。王安石因变法被罢官时，很多守旧派向皇帝告他的状。皇帝征求司马光的意见。司马光告诉皇帝：王安石疾恶如仇，忠心耿耿，有君子之风，陛下不可听信谗言。皇帝赞赏司马光的评价。王安石去世时，司马光感到非常悲憾。他担心王安石会因为推行"变法"得罪很多人而遭受攻击，当即写信转告右相吕公著说："介甫文章节义，过人处甚多……今方矫其失，革其弊，不幸介甫谢世，反复之徒必诋毁白端，光意以朝廷宜优加厚礼，以振起浮薄之风。"朝廷根据司马光的建议，追封王安石为太傅，谥号"文"，这是历史上君子和而不同、彼此欣赏、相互包容的典范。王安石因变法成了历史上的改革家；司马光因《资治通鉴》成为史学家。

　　天下没有完全相同的两片树叶，同样也没有完全相同的两个人。能尊重并接受他人的不一样，不因三观不同而加以全盘否定是高级修养的表现，是胸怀博大的君子之风。

　　爱屋及乌不仅是一种大度和宽容，更是一种高深的修养。坊间流传的一则著名喜剧大师卓别林的故事：他在一次演出时认识了一个对他仰慕已久的观众。两人因情投意合，很快就成了好友。这位朋友是一个棒球迷，请卓别林到家里做客时，带着卓别林观看自己收藏的各种棒球藏品。卓别林全程微笑注视着兴高采烈的朋友。

分别时，这位朋友将卓别林送出了很远才恋恋不舍地回到家。卓别林离开朋友后，费尽九牛二虎之力找到了朋友仰慕的那位棒球明星，请他在一个棒球帽上签名后送给了远方的朋友。卓别林周围的朋友对他的举动感到费解。因为他们知道卓别林是一个对棒球没兴趣、喜欢安静的人。却跟刚认识不久的朋友饶有兴趣地谈论棒球比赛，觉得不可思议。卓别林却解释说："我是对棒球不感兴趣，可我的朋友对棒球感兴趣，只有尊重他人所尊重的事物，别人才能感受到自己被理解、被尊重，这是一切友谊的基础。"

远方的朋友知道后非常感动，觉得卓别林是一个有涵养、值得深交的朋友。

卓别林的这个故事告诉我们什么是修养的内涵，什么是与人交往中的理解和尊重，什么是真正的友谊，什么是人格的魅力。

芸芸众生，各取所需，但只有修养才是人一生的主旋律，心性的修炼、精神的修炼，直至灵魂的圆满。只有修养才会让人在渐行渐悟的人生旅途中发现自我，呈现出生命的内在光明，而不是在物质的追寻中狂欢，迷失自我。只有修养才会在人际交往中展现出大度宽容的君子之风，而不是自我表现的浮夸虚荣之气；在内心的不断自省中提升境界，而不是在扑朔迷离的外界中随波逐流。

当修养达至高之境界，早已没有了哗众取宠的虚荣心，只有低调含蓄的谦卑心；没有了争强好胜的表现欲，只有成全他人的宽容心；没有了患得患失的私心杂念，只有顾全大局的高风亮节。

修养，成全了一个人的高度，虽低调谦卑，却如高山一样令人仰止！

境界篇

第三十三章　慈悲

如果说世间，有一种力量无所不能，那就是慈悲。

慈悲不是我们日常所理解的简单的善良和爱。慈悲的最高境界是心存正念、怨亲平等、无我无私。心存正念方能致良知，养吾浩然之气；怨亲平等方能于怨敌无憎恨心，于所爱无执着心，不会以厚此薄彼之心待人接物；无我无私方能心系天下苍生，与天地共存。

人生在世，倘若一味执着于功名利禄，欲望便没有满足的那一天；一味计较荣辱得失，内心便没有释怀的那一天；总想着占有和索取，不想着给予和付出，便摆脱不了患得患失和焦虑不安，这就是人们忙碌奔波却依然心烦意乱、不得安宁的原因。只有一颗慈悲心才会让人获得一份心安和释然。君不见慈悲众生、胸怀坦荡的弥勒佛始终无忧无虑、笑口常开。世俗中人之所以痛苦无聊、烦恼不断，不能如弥勒佛那般无忧无虑、开心快乐，是因为拥有太多的功利心、得失心、贪婪心、冷漠心、睚眦必报之心；缺少了利他心、敬畏心、施济心、宽恕心、慈悲为怀之心。

　　有位弟子问达摩祖师，如何才能变成一个自己愉快、也带给别人快乐的人？祖师笑答，有四种境界你可体会其中妙趣。首先，要把自己当成别人，此乃"无我"，再者，要把别人当成自己，此乃"慈悲"，而后，要把别人当成别人，此乃"智慧"，最后，要把自己当成自己，此乃"自在"。把自己当成别人的浅层理解是自己感到忧伤痛苦时，把自己当成别人，痛苦自会减轻；欣喜若狂时把自己当成别人，自然不会得意忘形，保持清醒。深层理解我们称之为客观公正，客观才不会亲疏有别，做到公正合理。把别人当成自己的浅层理解是别人有高兴的事时当成是自己的事，分享其中的快乐。深层理解我们称之为换位思考，换位思考才能站在对方的角度，理解对方的苦衷，对方陷于困境时能真正理解并给予必要的帮助。把别人当成别人的浅层理解是走自己的路，不管别人的闲事。深层理解我们称之为尊重个性，每个人都是独立的个体，都有其独特的生长环境，只有尊重其独特性，其独立的选择，才不会把自己的意愿强加给别人。把自己当成自己的浅层理解是开心快乐时把自己当成自己，可以尽情享受这种快乐；深层理解我们称之为自我独立，只有遵从自己的内心，独立思考，才能做真实的自己，不随波逐流。

慈悲不是世俗中的爱，更不是简单的男女之爱。世俗之爱往往带有贪欲、私欲、不纯净之目的，如为了名、为了利或美貌，当这些外在条件消失时，爱就会淡化或消失乃至由爱生恨。正所谓"爱可生爱，亦可生憎；憎能生爱，亦能生憎"。婚前花前月下爱得越深，分道扬镳后恨得越深，爱之深，恨之切。这种包含占有、杂念的爱，大多是暂时的、不长久的。

著名科学家爱因斯坦在写给女儿的信中说，宇宙间有一种无穷无尽的能量源，迄今为止科学都没有给它找到一个合理的解释。这是一种生命力，包含并统领所有其他的一切。而且在任何宇宙的运行现象之后，甚至还没有被我们定义，这种生命力叫爱。爱因斯坦说的这种爱就是慈悲，它具有强大的力量，能够摧毁仇恨、自私和贪婪。仇恨永远不能化解仇恨，只有慈悲才是化解仇恨的最好方法。两户人家世代为仇，一天夜里两家男主人回家，走在前面的"哎呀"一声掉进了深沟，后面的经过短暂的思想斗争后，救起了前面的人。被救起的人刚想说声"谢谢"，发现是自己的仇人，便问："我们世代有仇，你为何救我？"后面的人说："因为你救了我啊，如果不是你走在前面一声惨叫，我也会掉进去的。"两家人从此和解，消除恩怨。宽恕别人就是宽恕自己，放过仇恨就是放过自己。放过自己是智慧；放过别人是慈悲。

慈悲是光，是不带有任何私心的，就像太阳一样，无分别心的给予。不因自己讨厌什么就不给予光照和温暖，也不因自己喜欢什么就给予更多，一视同仁地给予万物光明和温暖。无论众生及万物怎样看它待它，都不会计较，不改其大慈大悲之心，一如既往地释放着它的光和热。慈悲如太阳一样，其终极目的就是让众生得到快乐，脱离痛苦。众生皆慈悲，则众生皆快乐。倘若世人皆有慈悲之心，便不会有不同种族间的仇恨，不会有不同肤色的人之间的歧视。正所谓，一人慈悲，众皆伴侣，万人慈悲，法界一如。《南华经》说："但愿众生得离苦，不为自己求安乐。"

慈悲是治愈一切的力量，能穿透雪山冰川，更能穿透一个人的心，因为没有人不需要爱。只有慈悲的教化，才能照亮一个人的心灵。有一位住在山中修行的禅师，一天晚上散步归来，看见一个小偷在自己的房子里没有找到任何东西，便脱下自己的外衣，静静地站在门口等待小偷出来，生怕惊吓到小偷。

小偷出来看见禅师，不知所措之时，禅师说："你走大老远的山路来看我，总不能让你空手而归啊！夜深了，带上这件衣服避寒吧！"说完，就把衣服披到小偷身上，小偷满脸羞愧，低着头溜走了。禅师望着小偷的背影消失在山林中，不禁感慨地说："可怜的人！但愿我能送一轮明月给他，照亮他下山的路。"第二天，禅师睁开眼睛出门时，看到他送给小偷的那件衣服被整齐地放在门口，高兴地说："我终于送了他一轮明月！"与其说是一件衣服感化了小偷，不如说是禅师的慈悲之心让这个小偷从此改邪归正。

"贼莫过于德有心"，最损害道德的莫过于贪求更大的回报而刻意修德。有条件的慈悲，表面看上去是满足别人，是付出，实质上往往是另有所图。一旦有付出之感，渴求回报之心，便不是大爱，更不是慈悲。父母养育子女，若有期待养儿防老之心，就谈不上父爱母爱的伟大。当年老遇到子女不孝时，便会无比难过，痛骂自己养了个白眼狼，因为企图得到养儿防老的回报之心没有得到。当朋友遇到困难时，自己帮朋友渡过了难关。如果这种帮助是为了自己日后遇到困难时，期待朋友也来帮助自己，这种帮助就是有条件的，是带有目的性的。如果日后得不到朋友的帮助，就会心理失衡，骂朋友没良心，因为这种带有明显目的的帮助之心没有得到回馈。有条件的爱，既委屈了自己，也难为了对方，自己感受不到快乐，对方也感受不到爱意。有的人打着为了你好的旗号，实质则是为了满足一己之私。当父母为了自己的面子或利益，让子女跟其不喜欢的人结婚，往往会打上这种旗号。更有甚者，做点慈悲之事就拼命宣扬，大肆报道，唯恐别人不知道，这种慈悲不是真慈悲。这种人大多是头脑里塞满了目的和算计，或为名，或为利，背后所做一切不过是欲望的驱使，目的是更多地索取，不管表面看上去多么冠冕堂皇。还有去寺庙布施的人，大多算计此布施会积累多少功德，为自己带来多少利益，博取多少名声，不管看上去多么慷慨大方、宽心仁厚，只要这种布施带上了功利的色彩，就不是无我的本能，慈悲的本质。

　　真正悟得大道者修炼到最后都成了一尊慈悲的佛，所想所做皆出本能，不仅自己脱离了苦海，还帮助痛苦的众生从根本上拔除了痛苦，获得了快乐。"天道无亲，常与善人"，上天不偏向任何人，只是经常降福和保佑遵循天道的人。传说一老和尚炒股，在股市崩盘时，看到众人仓皇卖出，夺路而逃，悲悯之心顿起，决定普度众生，于是买入众生抛出的股票；股市连续大涨时，众人又争先恐后抢着买入，老和尚又生慈悲之心，将手中的股票卖给众生；就这样在不知不觉中完成了低位吸筹，高位派发的操作。本意普度众生，上天却让他在这个过程中拥有了财富。正所谓"渡人者自渡之，自渡者天渡之"。人弃我取，人取我予不是傻，是天道给予渡人者的馈赠。

　　慈悲可化解最坚硬的顽石，拯救铁石心肠的残暴之人。佛家认为，世上没有不可度化的人。人皆有善念，只要有慈悲心，都可以使他们改恶向善。建元初年，徐明造反，烧杀劫掠，百姓遭殃。妙普禅师不忍百姓受战乱之苦，独自一人前往叛兵军营，被叛军捉住要斩首。他临危不惧，当场为自己写下了祭文：劫数既遭离乱，我是快活烈汉；如今正好乘时，便请一刀两断。叛军对其大义凛然的举动肃然起敬，被其慈悲之心感动，决定不再杀他，也不再杀害百姓。人有慈悲，天必佑之。慈悲心的感化，胜过任何强大的武器。只有慈悲之心才能让生活中多一点善念，少一点恶念，真正做到"勿以善小而不为，勿以恶小而为之"。多一点宽容和感恩，少一点计较和怨恨，摆脱私欲的束缚，拥有利他的善念。

　　慈悲是无条件的、没有任何私心的付出，所想所做皆是一颗慈悲心本能使然。所谓"三轮体空"就是对能布施的我、受布施的人和所布施的财物不产生任何的执着，对宇宙自然、世间万物的慈悲，是无所求，无所想，一尘不染的境界，是没有贪、嗔、痴的淡然，没有选择的包容和大爱，如此方可爱一切，慈悲一切。

　　慈悲的境界就是修行的境界，时时事事的慈悲就是点点滴滴修行的积累，当这种积累达到一定的高度，就是修行的最高境界——慈悲。

第三十四章　天道

顺天道者天助之，逆天道者天灭之。

何为天道？字面含义为天的运动变化规律，即万物的规律、规则和道理，世上万物都遵循同一种规律，即天道。

老子说："有物混成，先天地生。寂兮廖兮，独立而不改，周行而不殆，可以为天地母。吾不知其名，强字之曰道，强为之名曰大。大曰逝，逝曰远，远曰反。故道大，天大，地大，人亦大。域中有四大，而人居其一焉。人法地，地法天，天法道，道法自然。"

老子从人法地，地法天，天法道，道法自然的角度，提出了"天人合一"的概念。这里的"道法自然"并不是大自然，更不是某种具体的东西，而是一种自然而然的状态，是事物本来的样子。"道"是孕育天地万物的总根源，也是宇宙间一切事物运动发展的总规律；先于天地而成，是永恒的、无限的，充斥于整个宇宙之中。大自然的沧海桑田，朝代的兴衰更替，人类的生老病死，无一不是"道"的规律发展的结果。

道即天意、天理，不属于任何人私有，不管人有多么强大。悟"道"得"道"者也并不意味着可以肆意谋取私利，更不意味着可以长生不老。《庄子·知北游》有这样一段描述，舜向丞请教说："道可以获得据有吗？"丞说："你的身体都不是你所据有，怎么能获得并占有大道呢？"舜说："我的身体不是由我所有，那谁会拥有我的身体呢？"丞说："这是天地把形体托给了你；降生人世也并非你所据有，这是天地给予的和顺之气凝聚而成，性命也不是你所据有，是天地把和顺之气凝聚于你；即使是你的子孙也不是你所据有，这是天地给予你的蜕变之形。所以，行走不知去哪里，居处不知守什么，饮食不知什么滋味；行走、居处和饮食都不过是天地之间气的运动，道又怎么可以获得并据有呢？"

"道"是孕育天地万物的总根源，作为万物之一的人自然也是天地造化的结果。人来自自然，最终又回归自然的轮回就是天道轮回的过程。庄子说："人生于天地之间，若白驹过隙，瞬间而过罢了。自然而然地，全都蓬勃而生，全都顺应变化而死。业已变化而生于世间，又会变化而死离人世，活着的东西为之哀叹，人们为之悲悯。可是人的死亡，也只是解脱了自然的捆束，毁坏了自然的拘括。"因此从道的观点看，人的诞生就是气的聚合，虽然有长寿与短命之分，又能相差多少呢，不过是俄顷之间而已。

人从未出生前的无形到出生后的有形，再到死亡后的无形，本质上就是来于自然又消失于自然的过程。无形、有形哪个是真？哪个是假？如庄周梦蝶，亦梦亦幻，不管是庄周做梦变成了蝴蝶，还是蝴蝶梦中变成了庄周都不重要，重要的是有诩诩自得的心境。人不可能确切区分真实与虚幻，因为人本就从虚无中来，转一圈，又回到虚无中去。正所谓人生如梦，梦如人生。这种从无中看到有、又从有中看到无就是一种觉悟。

如果说人的存在都在真实与虚幻间，天地间还有绝对的东西吗？只能说一切都在轮回中、辩证中。没有阴就无所谓阳，没有黑夜就无所谓白天，没有好就无所谓坏，没有多就无所谓少；没有开始就无所谓终结；终结也许是为了下一个开始，正所谓"落红不是无情物，化作春泥更护花"。有百岁的长寿，也有年少的夭折；只是一呼一吸间的长短而已，本质上没有什么区别。至于是非成败，更是转头空，最终都将如尘埃般消失。

天道法则之一，任何事物都不是单独存在的，都是相互依存、相互独立、相互转化、循环往复的。男人女

境界篇

人的相互依存，才有了生生不息的人类；男人女人的相互独立，才有了男耕女织的协作；有了阴阳，才有了阴阳的相互对立与转化；有了对错，才有了世间的是是非非；有了生灭，才有了人类的不断进化；万事万物就是在这种相互依存、相互独立、相互转化中循环往复。

天道法则之二，任何事物都不是永恒不变的，发展到一定极限都会走向它的反面。物极必反亘古未变，就像月亮最圆之日恰恰是月缺之始。凡事做过了头就会走向它的反面，"反者道之动，弱者道之用"，告诉我们任何事物都潜伏了一个相反的力量在里面。当事情坏到不能再坏的情况时，就是转好的开始。"祸兮，福之所倚，福兮，祸之所伏。"提醒人们在好运降临，荣耀加身时，可能是偶然，未必会长久，切莫洋洋得意，忘乎所以；在身处逆境，遭遇危机时，可能是上天对自己的考验，挺过去就会柳暗花明，切莫自暴自弃，一蹶不振。须知福祸转换乃天道，顺应天道方可百炼成钢。深谙此道且内心强大者，都能绝处逢生，度过最艰难的时刻并变得更加强大。越王勾践在吴国服苦役，给夫差喂马，还给夫差脱鞋，服侍夫差上厕所，受尽嘲笑和羞辱。但为图复国大计，最大限度地忍耐着吴国对他的精神和肉体的折磨。夫差生病，勾践观其粪便查看病情。受尽三年凌辱，吴王才放走他。越王勾践回国后卧薪尝胆，励精图治，养精蓄锐，富国强兵，终于打败夫差，灭掉了吴国。事物都在相互转化中轮回，因此顺境中要看到忧患，绝境中要看到希望。

天道法则之三，天狂必有雨，人狂必有祸。任何狂妄自大、不可一世者都将走向灭亡。"飘风不终朝，骤雨不终日。"狂风刮不了一个早晨，暴雨下不了一整天。更何况一个人又能狂妄到几时！常常是狂妄到极点之时，就是灾难降临之日。夏桀"筑倾宫，饰瑶台、作琼室、立玉门"。不顾百姓死活，骄奢淫逸；终被商汤灭亡。清朝雍正年间的大将军年羹尧西北大捷归来，皇帝出来迎接时居然没有及时下马，甚至很多人的升官晋级都要经过他同意，肆意杀害朝廷官员，狂妄傲慢之极，最终被雍正皇帝罢官赐死。正所谓"上天欲其灭亡，必先令其疯狂。"

天道法则之四，贪得无厌、唯利是图要么葬身欲海，要么一无所得。多欲则失，寡欲则得；所谓"少则得，多则惑。"清朝乾隆年间，和珅权倾朝野，被抄家时贪污的全部财产约值白银八亿两，后来被嘉庆赐死，将其所贪财产全部收归国有。无底线的贪欲让人丧失理智，也让人丧命。天之道，损有余而补不足，违者必遭惩罚！知进退、明得失、懂取舍、识大体、有敬畏，方可于天地间左右逢源、游刃有余。而不是如年羹尧那样居功自傲，如和珅那样任欲望之水泛滥。

天道法则之五，物壮则老，木强则折。争强好胜，趾高气扬大多以失败告终。知雄守雌，柔弱胜刚强乃天之道。所谓"以天下之至柔，驰骋天下之至坚。"狂风过后坚硬的大树被折断，柔弱的小草却安然无恙；石头固然坚硬，却可以被至柔的水滴穿过。《三国演义》里有万夫不当之勇的张飞终因其不可一世的暴躁脾气，被手下的两名小将领杀害，一代名将如此死亡，难免让人唏嘘不已。

人的身体构造及功能决定了劳逸结合、忙闲适中，身体才能正常，生命才能持久。一张一弛乃文武之道，天天忙碌不停的人，不仅忙不出什么成果，反而容易导致疲劳死。英国和芬兰的研究人员通过对2000多名英国公务员的工作状态和心理健康状态的调查发现，每天工作11个小时以上或每周工作55个小时以上的人，与每天工作七八个小时的人相比，患抑郁症的风险要高出两倍多。古人倡导"无为"不是无所作为，也不是事事都为，而是为可为之事，为重要之事。现实中人们说的断、舍、离，就是放弃那些与目标无关的、可做可不做的事，把时间、精力用在产生长期价值的地方，围绕着制定的目标去优化和努力，而不是不分轻重，在无关紧要的琐事中精疲力竭，耗费生命。

智者隐其锋，愚者露其芒。真正的强大者不显山露水，真正的博学者行不言之教；所谓"大象无形，大音希声"。宇宙无形，但却无边无际。不卑不亢的星星，无须自我表现却始终闪烁着亮光；急于自我表现的流星却瞬间跌落消失。三国时期的司马懿隐其锋，处处小心，处处示弱，大智若愚，成为最终的赢家。杨修露其芒，恃才放旷，自作聪明，处处卖弄文采，时时显摆自己，唯恐别人不知道他的聪明，最终被曹操寻机杀掉。

知人者智，知己者明。活得明白的人不仅能清醒地认识这个世界，更能深刻地认识自己。庄子说："且有大觉而后知此其大梦也。而愚者自以为觉，窃窃然知之。"清醒的人知道人生是一场大梦，而愚昧无知的人，总是自以为很清醒，表现出明察一切的样子，觉得自己什么都知道。越是一知半解的人，越会觉得自己无所不知，总是好为人师；越是学识渊博的人，越能感觉到自己的无知，看到自己的差距，总是主动寻求知识，活到老，学到老。越是没有能力的人，越觉得自己无所不能，有点三脚猫的功夫，就以为自己天下无敌；能力越大的人越谦卑，深知人外有人，天外有天，总是保持一颗敬畏之心。

宇宙万物都在天道中运行。不管是大自然的变化无常，还是每一个王朝的兴衰更替，都是这种规律的结果。顺天道生，逆天道亡。商纣王昏庸无道，周文王顺应天意，天助周文王灭之。隋炀帝失道，李渊得道，天助李渊灭之。不管是秦皇汉武，还是唐宗宋祖，都是顺应天道，顺应规律的结果。不为尧生，不为桀亡，无须刻意为之，只需尊重并顺应这一规律即可。得道多助，失道寡助。当一个王朝以德为本、顺应天道的时候，就会国强民富，盛世开泰。当一个王朝残暴之极、天怒人怨的时候，就是违背天道、违背规律的时候，也就是灭亡到来的日子。正所谓"善恶终有报，天道好轮回。不信抬头看，苍天饶过谁"。

　　天道自有其规律，非人力所能及，懂天道者只会顺应，不会违逆。春耕夏耘，秋收冬藏。知道播种之时播种，收获之时收获，深谙财不入急门之道。企图今天买入明天就赚钱，今天付出明天就收获注定是徒劳的。巴菲特说一只股票不准备持有十年，连十分钟也不要持有，然而贪多求快恰恰是人性使然，自然也就注定了财富只跟顺应规律的极少数人有缘，跟大多数人无缘。

　　觉者会在仰望星空中幡然醒悟，会发现自己经历的那点成败荣辱，患得患失，不过是沧海之一粟，微不足道。会发现自己在人生的旅途中走着走着已经偏离了大道。蓦然回首才发现一生都在功名利禄中挣扎的自己是何等可悲！为日常生活中的鸡毛蒜皮斤斤计较是何等幼稚！仗着手中那点暂时的小权力，耀武扬威、盛气凌人是何等可怜！握着手中那点暂时的小钱财，炫富摆阔、忘乎所以又是何等可笑！

顺应天道者深知人之心胸，多欲则窄，寡欲则宽；人之心境，多欲则忙，寡欲则闲，不会为外物劳神伤身，为官欲鬼迷心窍。知道世间没有什么值得去以命相搏，没有什么值得去以死相争。无论处于何种境地，都会泰然自若，笑对人生。无论荣辱得失，都会得之坦然，失之淡然。无论富贵贫穷，都会不卑不亢，顺其自然，于平静中感悟生活的乐趣。

真正的强大来自内心，而不是肉眼所见的功名利禄。真正支撑一个人的是无形的精神和充盈的灵魂。老子说："有之以为利，无之以为用。"有形的东西之所以能被人使用，是因为看不见的无形（空虚）在起作用。酒杯和茶壶，有用的部分正是瓷器围成的空虚部分，倘若都是实心的，又怎能盛酒盛水。人的衣食住行、举手投足、所作所为皆是精神的外在表现。一个人即使一贫如洗如庄子，依然可以逍遥自在于世间，独与天地精神往来，其内在的精神与灵魂依然流传千古；一个人即使高官厚禄加身，前呼后拥；即使财富八斗，穿金戴银，若没有了充盈的灵魂，没有了无形的精神支柱，也不过是一具行尸走肉而已。

境界篇

第三十五章　灵魂

一个人高贵或低俗，取决于其灵魂。

　　这里说的灵魂主要是指主宰人的思想、行为、精神、感情等潜意识的一种非物质因素或影响世人的文化成果等，是相对于一味追求物质享受忽视精神层面追求而言的，并非指宗教意义上的灵魂。周国平说："所谓有自己的灵魂，就是在人生的问题上认真，人为何活着，怎样的活法好，一定要追问其根据，自己来为自己的生命寻求一种意义，自己来确定在世间安身立命的原则和方式，绝不肯把只有一次的生命糊涂地度过。"[①]

　　每个人都有自己的存在方式，不同的存在方式注定了拥有不同的灵魂。稻盛和夫说："我之所以来到世上，是为了在死的时候，灵魂比生的时候更纯洁一点，或者说带着更美好、更崇高的灵魂去死亡。"如果一个人一辈

---

　　① 周国平. 灵魂只能独行[M]. 北京：人民文学出版社，2015.

顿悟——发现自我

子只顾低头忙碌，从不抬头看天，那么这个人是没有灵魂的，因为从未思考过人生的意义。每日纸醉金迷，醉生梦死，这样的人生也无灵魂可言，因为从未自省过活着的目的。当回首自己走过的每一天，发现只是日复一日地简单重复，如流星划过天空，虽然划过，却没有留下任何足迹，此类枯燥、毫无创意的生活亦无灵魂可言。人与人之间的差异，就在于灵魂的差异，因为人身体的构造和功能是相同的。

人生在世，不仅要打磨身体，更要打磨灵魂，才会使自己精神充实，灵魂丰盈。只有时刻与灵魂相伴，身体才会听命于灵魂。在空乏其身、遭遇重创的逆境中有生存下去并变得坚强的勇气。当年王阳明被发配到贵州龙场，住在潮湿的山洞里，不仅面临着温饱问题，还要面对当地语言不通的居民，加上从小就患有肺病。就是在这几乎让人崩溃的环境里，王阳明不仅没有绝望，反而开始日夜反省历年来的遭遇，为年少时立下的做圣人之志冥思苦想。一天夜里，他忽然有了顿悟，这就是著名的"龙场悟道"。"心即理"的心学雏形。倘若一个人只会安逸享乐、把金钱当作唯一的追求目标时，面对这样的处境早已绝望，又何谈顿悟。

只有时刻与灵魂相伴，才会在功利面前淡定自如，不得意忘形。东晋宰相谢安听闻只有八万军队的东晋大败拥有八十万军队的前秦,"淝水之战"取得大捷时,依然在跟客人下棋,在巨大成功面前不喜形于色、从容镇定的姿态始于灵魂的清醒。

当灵魂远离自己时,也就意味着失去了自己。凡事总想依赖别人,不会向内求,当无法求助于他人或求而不得时,极易滋生抱怨情绪,精神会变得极度脆弱。什么时候顿悟了,发现自己精神上已经不再依赖任何人了,能够独立且清醒地拥有自我认知时,说明脚步与灵魂开始同步了。此时已经可以坦然接受一个人的到来,也可以坦然接受一个人的离开;既能坦然面对荣耀和财富的加身,也能坦然面对平凡和贫穷的日子;既能在得到时不忘乎所以,也能在失去时不悲天悯人。不会在孤立无助时怨天尤人,也不会在前呼后拥时颐指气使。知道人最难能可贵的是灵魂的独立和富有,而不是外在的形式。

日本动画师宫崎骏说:"不要轻易去依赖一个人,它会成为你的习惯,当分别来临,你失去的不是某个人,而是你精神的支柱。无论何时何地,都要学会独立行走,它会让你走得更坦然些。"多少人因为无法容忍丈夫的家暴或出轨,选择用自杀的方式来抗争。精神支柱倒了,整个人也就坍塌了;觉得失去了一切,失去了继续活下去的勇气。永远不要把希望寄托在别人身上,没有谁有义务来实现你的希望,只会让自己的心灵在这种寄托中变得痛苦。有人说我感到生活没有希望,因为丈夫不关心我,她的希望来自对丈夫的依赖。有人说我不快乐,因为我的同事都不愿意跟我交往,他的快乐来自对同事的依赖。有人说我感受不到温暖了,因为我失去了最亲的人,他的温暖来自对亲人的依赖。当什么都依赖别人时,别人的拒绝或离开都将使自己无法承受生命之重,等于把自己的喜怒哀乐都交给了别人,精神的支柱由别人来支撑,一旦别人生变,自己的精神世界就会轰然倒塌。

灵魂的修炼方能成就一颗强大的内心,关键时刻才能挺得住。否则靠山山会倒,靠水水会流;靠庙庙会塌,靠神神会跑。与其凡事指望依赖别人,依靠别人,不如修炼自己,强大自己,到最后才发现只有自己最可靠,能度自己的只有自己。一个人屋檐下躲雨,看见一个和尚正在撑伞走过。这人说:"大师,普度一下众生吧,带我一段如何?"和尚说:"我在雨里,你在檐下,而檐下无雨,你不需要我度。"这人立刻跳出檐下,站在雨中说:"我现在也在雨中,该度我了吧?"和尚说:"我也在雨中,你也在雨中,我不被淋,因为有伞;你被雨淋,因为无伞。所以不是我度自己,而是伞度我。你要被度,不必找我,请自找伞!"说完便走了。不管是面临的困难还是想要的幸福,都要靠自己去经营。依赖父母,父母终究有一天会离开，将自己留在这个世界上，终究还是得靠自己来面对周围的一切；依赖兄弟姐妹，需要帮助时也许他们不在身边，还是得自己来解决问题；依赖朋友，他们都有自己的事要忙，况且也不见得会出手相助，反而弄得心情不好。对谁都不要过度依赖，因为即使自己的影子，晚上睡觉时也会离开自己。

当不再依赖任何人时，才发现自己原来还可以这么坚强。曾经看上去高不可攀的山也可以攀登上去了。一直以为从别人手里接过的果实最好吃，忽然发现经过自己艰苦付出得来的果实其实更甘甜。一直把别人当作自己的主心骨，此时会发现自己才是自己内心的真正主人。当然也不要让自己成为任何人的依赖，特别是父母对自己的子女，早一天让他们独立，接受社会的洗礼，他们便会早一天成熟和坚强，否则只会成为"妈宝男""妈宝女"，永远也长不大，更谈不上拥有独立的灵魂。

身体与灵魂同步，才会有自己正确的判断，否则只有不经过脑子的简单模仿和人云亦云。羊看到领头羊恐慌，这种恐慌很快会传染到整个羊群；奔跑中如果头羊跳下悬崖，其他的羊也会跟着跳下。古斯塔夫·勒庞说："人就像动物一样有着模仿的天然性。模仿对他来说是必然的，因为模仿总是一件很容易的事情。正是因为这种必然性，才使所谓时尚的力量如此强大。无论是意见、观念、文学作品甚至服装，有几个人有足够的勇气与时尚作对？支配着大众的是榜样，不是论证。"①

正是因为模仿简单、原始、不费力，所以就有了跟风、合群、随大流，不愿意经过脑子的过滤。听着同一个号令的一群人在奔跑时，灵魂不在场。看见别人做什么，自己也盲目地跟着做什么时，灵魂不在场。逢迎巴结、趋炎附势、唯命是从时，灵魂不在场。

脚步与灵魂同步，方可看清功名利禄等外物的本质，达到忘我乃至无我的境界。庄子说，倘若顺应天地万物的本性，驾驭着六气的变化，遨游于无穷的境地，他还要凭借什么呢？一个无欲无求的人，不会渴望得到什么，也不会担心失去什么，也就没有了对功名利禄的牵挂和奔波，没有了恐惧不安和精神的内耗；就会融入天地万物之中，无拘无束地遨游于天地间。

在人类历史上流传下来的大多是具有灵魂的文字类产品，闪着智慧之光的圣贤、哲人和诗人。人们知道普希金和他创作的优美诗歌，但不一定知道那个时代的皇帝是谁。人们对《西游记》及他的作者吴承恩几乎家喻户晓，却未必知道他生活的朝代。反观有形的东西，不

---

① [法]古斯塔夫·勒庞.乌合之众[M].北京:中国友谊出版公司，2019.

境界篇

管在当时看来何等高贵，何等价值连城，随着时间的流逝都已化为乌有，不复存在。

　　流动的水照不出人的影子，无头苍蝇不管怎样忙着到处瞎飞乱撞，也飞不出任何结果。没有目标、没有思考的忙碌，越忙碌离灵魂越远，因为连他们自己也不知道忙了些什么，为什么而忙。想要看清杯子里的东西，不是拼命去摇晃它，越是摇晃，越是浑浊。只有放在一个地方，让它自己慢慢地沉淀下来、清澈下来，才能看清楚。浮躁的社会里，倘若心一起跟着浮躁，既看不清社会，也看不清自己。老子在《道德经》说："孰能浊以止，静之徐清？孰能安以久，动之徐生？保此道者，不欲盈。夫唯不盈，故能敝不新成"就是对这一现象的精辟阐述。静而后能安，安而后能虑，虑而后能得。只有让自己的心静下来才能认识并发现真正的自己，满足内心的需求，找到灵魂的归宿。不急功近利，不拔苗助长。倘若不顾自身条件与能力去与世俗共舞，明知不可为而为之，必将导致身心俱疲。闲暇独处时，叩心自问："我是谁？我有什么？我知道什么？我能干什么？"忙碌过后回头看看自己走过的路，留下了一串怎样的脚印；熙熙攘攘的人流中留一份清醒，使自己免于随波逐流；夜深人静时自我反省，使身体与灵魂同步。

　　当我们被优美的音乐陶醉时，是灵魂在聆听；当我

顿悟——发现自我

们被大自然的波澜壮阔吸引时,是灵魂在欣赏;当我们废寝忘食于发人深省的文化名著时,是灵魂在阅读。

灵魂的觉醒,告诉我们须透过身体并超越身体,去发现和我想沟通的自我。正所谓"万物皆为镜,万般皆为镜中我,内观则可心明而无我他。"

仰望苍穹,能与天上的星星对话;俯首河流,能与小溪细语。顺其自然,大我无我,此乃灵魂之真正觉醒也。

境界篇

第三十六章　死亡

死亡是人生的彻底终结，还是去了天堂或地狱？
没有人知道，因为死去的人从来没有回来过的。

只要是生命就必须面对死亡，但所有的生命又都不愿意正视死亡。因为死亡意味着不得不离开这个世界，失去自己在这个世界上所拥有的一切。生活中人们对死亡这类话题极为敏感和避讳。

梁实秋晚年曾感叹："人一出生，死期已定，这是怎样的悲伤，我问天，天不语。"说出了大多数人对死亡的恐惧和无奈。正是出于对死的恐惧和对生的强烈渴求，古代很多帝王将相绞尽脑汁、千方百计企图长生不老，采用求仙问佛、炼丹吃药等各类办法进行尝试，终究难逃一死。很多得了绝症的人，明知道活不了多久，仍会抱着最后的希望，哪怕花掉一生的积蓄，乃至举债也要全力救治，使自己在世上能多待一会儿就多待一会儿。

怎奈生死轮回是规律，不以任何人的意志为转移。

据说在美国对这类问题比较包容，他们对遗嘱、死亡这类事情不是那么忌讳。稍微有点财产的人，年轻时就会立下生前遗嘱。其中有一条是这样的，如果得了绝症，明知挽救不过来，是否还要抢救。大多数立遗嘱的人回答是否定的。或许是认为没必要，浪费不必要的钱财。在这个问题上，大概是因为我们受几千年传统文化的影响，更偏重于亲情、孝道、伦理等因素，哪怕只要还有一口气，也要倾尽所有去治疗。据有的医学权威说，晚期的癌症患者即使最好的治疗也只能延长2～4个月而已。其实想想我们平时浪费掉了多少2～4个月？与其举债乃至倾家荡产延缓生不如死的那几个月，还不如用这些钱把之前几十年的人生活得更有质量一些。其实死亡并不是对80岁或100岁的预期，而是从一出生就开始一天天走向死亡。从这个意义上说善待每一天、每一分钟就是善待死亡。不过这往往是人们临终前的忏悔，在岁月静好的日子里是不会想到这些的。

不执着长生不老，方能正确面对生老病死，做到心寂静不起念。庄子认为人的生死如同春夏秋冬四季的运行一样，属必然的轮回。逝者已逝，已经安静地处在天地间，如果哭天喊地，就会惊扰了逝者的安息，是不懂天命自然的道理。当他的妻子死后他并没有哀痛哭泣，而是箕踞在地，鼓盆而歌。前来吊丧的惠子不解。庄子说，人出生的时候是一团气，死后又化成一团气，现在自己的妻子已经又化作一团气住在无边无际的天地间，自由自在地生活着，我为什么要用哭声去打扰她呢！在庄子看来，丧礼不过是一种表演而已，是演给活人看的。有位西方哲人也说："举行盛大的葬礼，与其说是向死者致哀，不如说是为了满足生者的虚荣。"今天也不乏这种现象，老人在世时不管不问，死后却大办丧事，以显示自己的孝顺，是一种形式，更是一种讽刺。

人们通常把"死"称为"离世""辞世"，意即离开了这个世界或辞别了这个世界，跟财富与成就画上了永远的句号，跟这个世界上的人、房子、车子、美食、阳光、空气、水等一切的一切不再有任何关系。送别时的一句"一路走好"只是活着的人对逝者的一种寄托哀思的表达方式而已。有宗教信仰的人呢，会觉得人死后去了天国。无神论者会觉得人死后化为泥土，哪里也去不了，一切都随之结束了。关于这个问题可能是一个永远没法求证的问题。因为自古至今，不管是王侯将相还是凡夫俗子，凡是死去的，从来没有回来过。所以没有人知道他们死后是去了天堂还是下了地狱，或者是去了其他任何地方，是否开启了另一种生活，这也是人们对死亡恐惧的另一个重要原因——对死后的未知。当然鉴于人类对浩瀚无际的宇宙知之甚少,也不能完全确定人死后的情况。对于各种说法只有信与不信的问题,信是一种信仰,一种精神寄托,值得尊重;不信是个人的自由,也无可厚非。

孔子说"未知生,焉知死",活都还没有活明白,怎么会知道死的事情。所以人最重要的是先要活明白,活明白了,对死这个事就看明白了。其实世人对死亡的恐惧程度跟是否虚度光阴的程度密切相关。如果觉得这一生没有活好,许多事应该做却没有做,或者说一些合理的愿望没有来得及实现,就像诗人笔下那句"出师未捷身先死,长使英雄泪满襟",留下了太多的遗憾,就会特别害怕死亡,正所谓死不瞑目。人们通常说的盖棺定论,就是指人死后躺在棺材里盖上棺材盖后,才会对这个人的一生做出评价。如果将死之际回顾一生,乏善可陈,没有一件可以让自己引以为傲乃至刻骨铭心的事,就会感觉白活了,也影响世人对自己的评价。再就是觉得死了就是彻底的一了百了,再也享受不到人世间的一切美好了,舍不得离开。倘若生前的愿望都得以实现了,自己的潜能也得到了最大限度地发挥,感觉对得起自己的这一生了,那么面对死亡就不会有太多的恐惧,就可以问心无愧地给生命画上一个完整的句号。三国时期的曹植曾被即位不久的曹丕问罪,朋友们都为他担心,他说:"我身后诗文,足以流芳千古,此生无憾!人生在世,多活一日不长,少活一日不短。"对死亡的态度堪称洒脱。然而古往今来能做到的寥寥无几,就算顶尖的成功人士,也会抱憾终生,直到死亡前的那一刻才顿悟。美国苹果公司创始人乔布斯临终前留下了一段发人深省的人生感悟,可以让我们深入思考生命的意义,现摘录如下:

我在商业界达到了成功的巅峰。在别人的眼里,我的人生就是一个成功的缩影。

……

但是,除了工作之外,我却少有其他欢乐。到了生命的终点,财富于我只是一堆数字罢了。

此时,我躺在病榻上,回顾我的一生,我意识到,我一生所骄傲的所有名声和财富,在即将到来的死亡面前显得毫无意义。在黑暗中,我看着辅助仪器上的绿灯,听着嗡嗡作响的机械声,我能感到上帝和死亡即将来临的气息……

现在我知道,当我们已经积累了足够的财富来维持我们的生活时,我们应该追求那些跟财富毫不相关的其他东西

那些更重要的东西:比如感情关系、艺术,或者年轻时的梦想……

不断的财富追求只会把一个人变成一个像我一样的扭曲的行尸走肉。

上帝把感官赐予了我们,让我们感受每个人内

心的爱，而不是由财富带来的虚幻的感觉。带不走的是我一生获得的财富。带得走的仅是由爱沉淀的记忆。这些才是真正陪伴你的，给你力量和光的财富。

爱可传播千里，人生没有限制。去你想去的地方，达到你想达到的高度。一切都在你的心和手中。

世界上什么是最昂贵的床？

"病床"。

你可以聘请某人来为你开车，为你赚钱，但你不能让别人为你生病。失去了物质的东西都可以找到。但有一件东西，当它失去了就永远找不到了——"生命"。当一个人进入了手术室时，他将认识到，他还有一本未读完的书——"生命健康之书"。

无论我们现在处在什么阶段，随着时间的推移，我们都要面对大幕徐徐落下的那一天。

像宝贝一样爱你的家人，你的配偶，你的朋友……

善待自己，珍爱他人。

多么痛的肺腑之言！即使伟大如乔布斯，也是在生命弥留之际才顿悟。也许正是太多的人有意无意地忽视了"死亡"这两个字，认为这两个字跟自己无关或距离自己很遥远，于是整天奔波在欲望的深渊里；沉浸在财富带来的虚幻里。人之将死，没有谁会认为权力与金钱是重要的。直到此时才发现倾其一生所追求、所积累的财富真的一点都带不走,留在这个世界上归他人使用。想想此前为争名夺利,流血流汗,透支身体,怎不痛彻心扉!此时才真正明白财富够用即可,应该用更多的时间和精力去做自己最想做的事,放飞自己的心灵,或者别的更有意义的事。

美国知名心理学家赫茨伯格认为,人生的最强动力并非来自金钱,而是来自学习、成长、为他人奉献及个人事业的成就。虽然我取得了一点世俗意义上的成功,一些公司运用我的研究成果,获得了巨大收益。然而当我面临疾病时,我发现那些影响对我来说微不足道。我由此得出结论:上帝评价我这一生过得如何的标准,并不是赚了多少钱,而是我能影响多少人的人生。

人的可悲之处就在于一辈子都在追求带不走的东西,所谓的财富,所谓的功名。而恰恰忽视了可以带走的东西,一是生命的体验,生命因为阅历而丰富,读过的书,走过的路,经历过的大风大浪,众多元素构成了丰富多彩的人生,给予生命尽可能多的体验,这种体验谁也夺不走。二是充盈的灵魂,这种充盈需要终生的修为,顺应天道,敬天爱人,与天地万物融为一体。

每个人临终前都会对自己的人生做一个总结,但为时已晚。柏拉图说,真正的哲学,就是练习死亡。真正大彻大悟的人都在内心参加过一次自己的葬礼，从而让自己活得更明白，知道这一生想要什么，因为没有做什么而后悔，找到自己的使命，并全力以赴去践行。杰夫·贝佐斯说："我会想要尽可能地减少过往的遗憾，我知道当我八十岁的时候，我不会后悔曾经尝试过这件事（互联网），后悔的是从未做出尝试。"把临终前才有的顿悟提前，才有机会去实现，这就是练习死亡的意义。

以终为始，心中有"终"，才知道怎么"始"。生命意义的倒计时——向死而生，海德格尔的这句话告诉我们，正是因为死亡的存在，生命才显得尤为珍贵，才要活出生命的意义和质量。一开始就想到迟早有一天会离开这个世界，就会在生前考虑人生的使命、价值观等问题并去践行。去追求那些引起生命灵动的东西，如感情、艺术或年轻时的梦想，于生命而言更有意义。珍惜生命，热爱生活，去自己想去的地方，爱自己想爱的人，现在就开始去做最想做却一直没做的事，成为自己想成为的人。如此在生命弥留之际，才不致遗憾太多。否则只会死不瞑目，抱憾而去。

人们畏惧死亡，也许是还没从有生就有死乃大自然正常的轮回这一道理中醒悟过来，也许是很难达到像庄子那样悟透生死的境界。庄子临终前，众弟子要厚葬他，他很不高兴地说："吾以天地为棺椁，以日月为连璧，星辰为珠玑，万物为赍送。吾葬具岂不备邪？何以加此？"众弟子说："我们怕老鹰和乌鸦吃您的遗体。"庄子笑道："在上为乌鸢食，在下为蝼蚁食，夺彼与此，何其偏也。"相比较而言，以庄子为代表的道家对死亡的态度最为洒脱。

世间万物，皆可选择，唯有死亡，没得选择，每个人都只能面对。不管是王公贵族，还是寻常百姓；不管是腰缠万贯者，还是一贫如洗者。只是每个人死亡的价值不尽相同。正所谓"人固有一死，或重于泰山，或轻于鸿毛"。为坚持真理而献身之人的死亡就重于泰山，因为鸡毛蒜皮点大的事就要寻死觅活之人的死比鸿毛还轻。

只有此生无憾者，方能视死如归。曹操临终前说："死，并不可怕，死是仲夏凉爽夜高枕长眠。"王阳明临终前说："此心光明，亦复何言。"泰戈尔说："生如夏花般灿烂，死若秋叶般静美。"活着珍惜生命，让生命绽放出最美的花朵；死时，坦然面对，如秋叶般恬静地返归自然。

花的凋零不是结果，开花的过程才是真正的结果，所以它会在开花的季节尽情绽放。人的死亡不是结果，活着的过程才是真正的结果，所以活着时就要活出自己的精彩。死亡并不可怕，可怕的是没有真正活过。

大道运行，生死自然；不以生喜，不以死悲。唯不留遗憾，方不惧死亡。